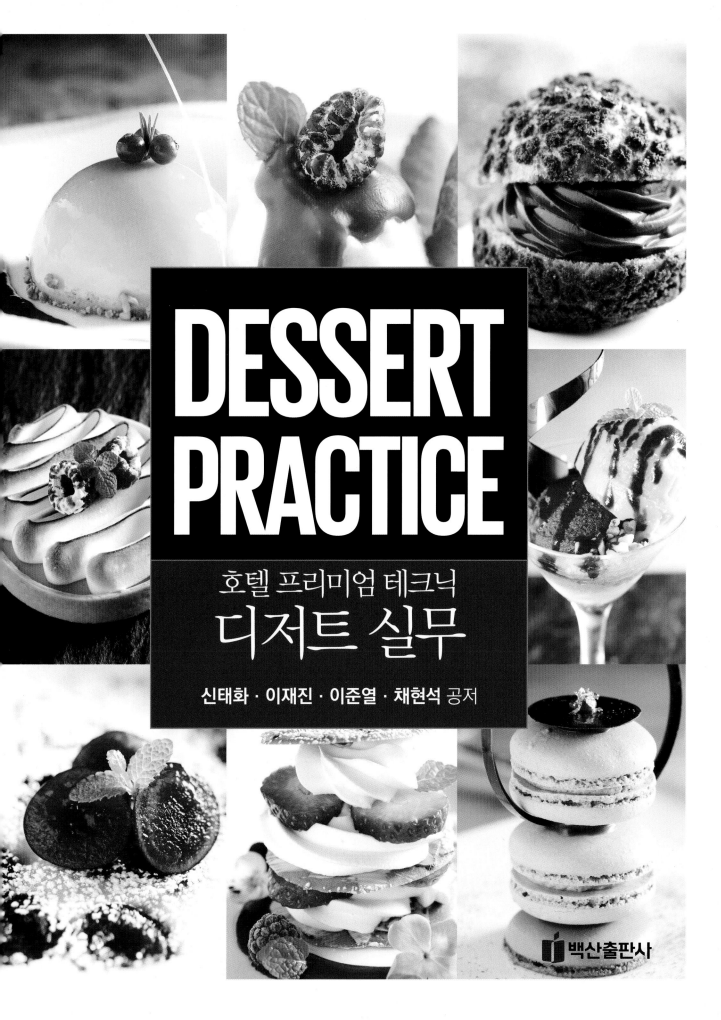

# DESSERT PRACTICE

호텔 프리미엄 테크닉
## 디저트 실무

신태화 · 이재진 · 이준열 · 채현석 공저

백산출판사

머리말

현대사회의 전반적 생활수준이 높아지고 식생활 문화가 빠르게 변화하면서 외식의 빈도가 많아지고 식사대용 혹은 식후에 디저트를 찾는 고객들이 증가하여 디저트 가치의 중요도가 높아지고 있다. 이러한 고객의 니즈를 충족시키기 위하여 고급 인테리어와 차별화된 디저트 전략을 가진 프리미엄 디저트가 늘어나고 있으며, 이는 디저트 업계의 큰 변화로 이어지고 있다. 디저트만을 판매하는 전문업체들이 증가하고 있으며, 점점 더 다양화, 전문화되어가고 있는 것도 현실이다. 고객들의 기호 또한 세분화되고 있으며, 이에 맞는 메뉴의 참신함, 감각적이고 트렌드에 맞는 이미지, 개성 있는 제품을 만들어 높은 부가가치를 창출하고 있다.

최근 트렌드가 젊고 트렌디한 감각으로 변화하면서 카페가 복합적인 문화공간으로 거듭난 결과 특히 젊은 여성 세대들은 밥집보다 세련된 카페를 이용하는 횟수가 더 많아 카페에 친숙한 20~30대 여성들을 겨냥한 다양한 디저트 카페가 늘어나고 있다. 커피나 디저트 등 기호식품이 인기를 끌면서 시장에도 변화가 나타났다. 최근 들어 발 빠르게 성장하는 시장인 만큼 단순한 곁들임 디저트가 아닌, 프리미엄 디저트를 개발하여 맛과 품질 수준을 향상시키는 것이 핵심이라고 할 수 있다. 이에 저자는 특급호텔에서 30년간 근무하면서 세계 각 나라의 다양한 디저트를 연구하고 만들어 왔으며, 여기에 나와 있는 많은 식재료와 레시피를 활용하여 더 좋은 제품이 개발되어 고객의 요구에 부응하는 디저트가 나오기를 기대하면서 이 책을 출간하게 되었다.

본 교재는 디저트 이론과 기본적인 소스, 장식물, 크림 만드는 법과 현재 호텔에서 많이 만드는 다양한 제품으로 구성되어 있다.

디저트의 개념과 역사, 국내 디저트 시장 변화, 디저트 분류와 장식, 디저트 소스 크림, 디저트 플레이팅, 디저트를 만드는데 많이 사용하는 재료와 도구까지 정리하여 디저트에 관심을 가지고 공부하는 모두에게 도움이 되기를 소망하며, 저자의 오랜 경험을 바탕으로 열정을 가지고 집필을 하였으나 아직도 부족한 부분이 많이 있는 듯하다. 저자는 앞으로 더욱 노력하고 최선을 다하여 수정 보완을 계속할 것이며, 디저트를 사랑하는 모두에게 많은 도움이 있기를 기원한다.

끝으로 책이 나오기까지 많은 도움을 주신 백산출판사 진욱상 사장님과 편집부 선생님들께 깊은 감사를 드린다. 또한 예쁘게 사진촬영을 해주신 이광진 작가 선생님, JW Marriott Hotel 옛 동료들에게도 진심으로 감사드린다.

저자 신태화

# 차례

## Part 1 이론

1. 디저트 제과 이론     14
2. 디저트 개념     35
3. 디저트의 역사     36
4. 국내 디저트 시장의 변화     39
5. 디저트의 분류     39
6. 프티푸르     43
7. 디저트 장식     44
8. 디저트 플레이팅     45
9. 디저트에 많이 사용하는 재료     46

## Part 2 실기

### 달콤한 디저트

츄러스 ｜ Churros     77
바나나 프리터 ｜ Banana Fritters     79
사과 빠스 ｜ Apple Ppaseu     81
망고 컵 케이크 ｜ Mango Cup Cake     83
레몬 컵 케이크 ｜ Lemon Cup Cake     85
딸기 밀푀유 ｜ Strawberry Mille-Feuilles     87
딸기 마카롱 ｜ Strawberry Macaroon     91
딸기 로마노프 ｜ Strawberry Romanoff     95
산딸기 무스 ｜ Strawberry Mousse     97

딸기 롤 | Strawberry Roll     101

딸기 에클레르 | Strawberry Eclair     105

딸기 바스킷 | Strawberry Basket     109

레밍턴 | Lamington     111

초콜릿 브라우니 | Chocolate Brownie     115

초콜릿 비스킷 슈 | Chocolate Biscuit Choux     119

프랑부아즈 슈트로이젤 쇼콜라 | Framboise Streusel Chocolat     123

레드벨벳 프로마쥬 | Red Velvet Fromage     127

수플레 치즈케이크 | Souffle Cheese Cake     129

오렌지 아망딘 | Orange Amandine     131

파인애플 캐러멜 | Pineapple Caramel     133

아몬드 튀일 레이어 | Almond Tuile Layer     135

트라이플 | Trifle     137

뉴욕치즈케이크 | New York Cheesecake     141

에그 타르트 | Egg Tart     143

과일 파블로바 | Fruit Pavlova     147

녹차오페라 | Green Tea Mousse     151

사바랭 | Savarin     155

고구마 몽블랑 | Sweet Potato Mont-Blanc     157

일 플로탕트 | Ile Flottantes     159

캐러멜 머랭 수플레 | Caramel Meringue Souffle     163

당근 케이크 오렌지 소스 | Carrot Cake Orange Sauce     165

바클라바 | Baklava     169

파리 브레스트 | Paris Brest     173

## 차가운 디저트

무스 오 쇼콜라 | Chocolate Mousse     179

라즈베리 판나코타 | Raspberry Panna Cotta     181

복분자 젤리 | Bokbunja Jelly     183

망고 젤리 | Mango Jelly                                                    185
누가틴 치즈 파르페 | Nougatine Cheese Parfait                              187
홍차 초콜릿 라즈베리 셔벗 | Earigray Chocolate Raspberry Sorbet            191
피치멜바 | Peach Melba                                                     195
와인에 조린 배 마스카포네 | Wine Pear Mascarpone                           199
만다린 무스 | Mandarin Mousse                                             201
크림 캐러멜 | Crème Caramel                                               205
티라미수 | Tiramisu                                                       207
베이크드 알래스카 | Baked Alaska                                           211
파인애플 콩포트 | Pineapple Compote                                       215
바나나 스프릿 | Banana Split                                              217
딸기 드림 | Strawberry Dream                                             219
과일 템테이션 | Fruit Temptation                                         221
버뮤다 썬셋 | Bermuda Sunset Cup                                         223
레몬 그라니타 | Lemon Granita                                             225
라즈베리 그라니타 | Raspberry Granita                                     227

## 핫 디저트

체리 주빌레 | Cherries Jubiles                                           231
체리 클라푸티 | Cherry Clafoutis                                         235
크레프 슈제트 | Crepe Suzette                                           237
퐁당 쇼콜라 | Fondant au Chocolate                                      241
타르트 타탕 | Tarte Tatin                                               243
애플 코블러 | Apple Cobbler                                             245
초콜릿 수플레 | Chocolate Souffle                                       249
크렘뷜레 | Creme Brulee                                                251
애플 슈트루델 | Apple Strudel                                           253
자몽 그라탱 | Grapefruit Gratin                                         257

## 타르트

레몬 머랭 타르트 | Lemon Meringue Tart      265

크림치즈 타르트 | Cream Cheese Tart      271

자몽 타르트 | Grapefruit Tart      275

고구마 타르트 | Sweet Potato Tart      279

체리 타르트 | Cherry Tart      283

피칸 초콜릿 타르트 | Pecan Chocolate Tart      287

초콜릿 타르트 | Chocolate Tart      291

엥가디너 타르트 | Engadiner Tart      295

## 구움과자

가토 쇼콜라 | Gateau Au Chocolat      301

코코넛 로쉐 | Coconut Rocher      303

아몬드 초코칩 비스코티 | Almond Chocolate Chip Biscotti      305

커피 피스타치오 비스코티 | Coffee Pistachio      307

플로랑탱 아망드 | Florentine Almond      309

레몬 크랙쿠키 | Lemon Crackle Cookies      313

인절미 쿠키 | Injeoimi Cookie      315

팬시 쉬레드 치즈 쿠키 | Cheese Cookie      317

블루베리 쿠키 | Blueberry Cookie      319

크랜베리 넛 쿠키 | Cranberry Nut Cookie      321

피낭시에 | Financier      323

까눌레 | Cannele      325

치즈 다쿠아즈 | Cheese Dacquoise      327

크랜베리 스콘 | Cranberry Scone      331

## 초콜릿의 세계

파베 쇼콜라 | Pave Chocolat     345

트러플 그랑 마르니에 | Truffle Grand Marnier     347

카페 봉봉 | Café Bonbon     349

망디앙 롤리팝 | Mendiant Lollipop     351

넛 크로캉 | Nut Croquant     353

봉봉 푀이틴 | Bonbon Feuilletine     355

텐드리스 | Tenderesse     357

마리아주 | Mariage     359

솔트 캐러멜 | Salt Caramel     361

아몬드 로쉐 | Almond Rocher     363

감 초콜릿 | Dried Persimmon Chocolate     365


참고문헌     367

Part 1

# 이론

# 디저트 제과 이론

독창적이고 창의적인 아이디어로 좋은 재료와 정성으로 만든 맛있는 디저트는 후식이 아닌 또 다른 문화를 창출하고 있다. 이런 다양한 제품을 만들기 위해서는 디저트의 기본 제과 이론과 쿠키, 마지팬, 색채의 기본, 케이크의 디자인 구성요소를 알아야 한다.

케이크(cake)는 달걀과 밀가루, 설탕을 주재료로 하여 특정한 모양이 나도록 구운 디저트로 빵의 일종이거나 빵과 비슷한 모양을 나타낸다. 케이크의 기원을 신석기시대부터 찾기도 하지만 베이킹파우더와 흰 설탕을 이용해 구워낸 현대적 개념의 케이크는 19세기부터 본격적으로 시작되었고 한국에는 구한말 선교사에 의해 처음 케이크와 빵의 개념이 소개되었다. 결혼식이나 생일 등 기념일에 빠지지 않는 케이크는 그 중요성만큼이나 나라별, 상황별로 다양한 전통과 풍습이 존재한다.

케이크 빵은 밀가루, 설탕, 달걀, 베이킹파우더, 버터 등 기본 재료로 구성된 반죽을 모형 틀에 붓고 오븐에 구워 만드는데 이때 만들고자 하는 케이크 종류에 따라 반죽 재료의 구성 비율이나 새로운 재료가 추가되고 굽는 방법도 달라진다.

구워진 빵에 생크림 등의 재료를 발라 케이크 표면을 매끄럽게 마무리하는 아이싱 과정과 여러 모양의 장식물로 개성 있게 꾸미는 데코레이션 과정을 거쳐 맛과 형태가 다른 다양한 종류의 케이크를 만든다. 최근에는 아이스크림 케이크, 떡 케이크, 슈가크래프트 케이크 등 밀가루가 아닌 다른 재료를 주재료로 사용하여 만든 새로운 개념의 케이크가 등장하였다.

## 1) 케이크의 어원

케이크의 어원은 13세기경에서 찾아볼 수 있다. 〈옥스퍼드 영어사전〉에 따르면 케이크라는 단어는 고대 노르웨이어의 'kaka'에서 유래되었다. 또한 이 단어가 미국 식민지 시기의 '작은 케이크'라는 뜻의 'cookie'에서 왔다는 설도 있다.

## (1) 케이크의 기원

케이크의 기원은 신석기시대까지 거슬러 올라간다. 최초의 케이크는 지금 우리가 알고 있는 것과는 매우 달랐다. 그것은 밀가루에 꿀을 첨가해 단맛을 낸, 빵에 가까운 음식으로 우묵한 석기에 밀가루와 우유 등 기타 재료를 넣고 섞은 뒤 그대로 굳혀 떼어내는 방식으로 만들어졌으며, 때로는 견과류나 말린 과일이 들어가기도 했다. 이것이 바로 케이크의 시조라 할만한 음식으로 알려져 있다.

## (2) 케이크의 발전과정

케이크는 이집트에서 빵 굽는 기술이 등장하면서 발전하기 시작했다. 기원전 2000년경 이집트인들은 이미 이스트를 이용한 케이크를 만들기 시작했으며, 그 때문에 당시의 사람들은 이집트인들을 '빵을 먹는 사람'이라고 표현했다고 한다. 당시의 회화나 조각작품들을 보면 밀가루로 빵 반죽하고 있는 모습을 종종 볼 수 있다. 이러한 이집트의 빵 중심 식문화는 그리스, 로마로 전해져 케이크의 발전에 기여하게 된다. 그리스에서는 케이크의 종류가 100여 종에 달했으며, 로마에서는 케이크가 빵으로부터 완전히 독립되어 빵 만드는 사람과 케이크를 만드는 사람이 구분되어 각각의 전문점과 직업조합을 가지게 되었다. 우리가 알고 있는 둥글고 윗부분이 아이싱 처리된 현대 케이크의 선구자격인 케이크는 17세기 중반 유럽에서 처음으로 구워지기 시작했다. 이것은 오븐과 음식 케이크 틀의 발전과 같은 기술 발전, 그리고 정제된 설탕 등의 재료 수급이 원활해진 덕분에 가능했다. 그 당시에는 케이크의 모양을 잡는 틀로 동그란 형태가 많이 쓰였으며, 이것이 현재까지 일반적인 케이크의 모양으로 굳어지게 되었다. 이때 케이크 윗부분의 모양을 내고자 하는 목적으로 설탕과 달걀흰자, 때에 따라서는 향료를 끓인 혼합물을 사용해 케이크 윗부분에 붓는 관습이 생겼는데, 이러한 재료들은 케이크 위에 부어져 오븐 속에서 다시 구워진 후에 딱딱하고 투명한 얼음처럼 변했기 때문에 이를 '아이싱'이라 부르게 되었다. 19세기에 들어와서 이스트 대신 베이킹파우더와 정제된 하얀 밀가루를 넣은, 우리가 알고 있는 현대적 케이크가 만들어지기 시작했다.

## (3) 한국의 케이크 역사

한국을 비롯한 동양권에서는 케이크의 기원이라 할만한 음식을 찾아보기 힘들다. 밀가루가 주식인 유럽에서 일찍이 케이크 문화가 발달한 것과 달리 한국과 중국, 일본 등의 동양에서는 쌀을 주식으로 해왔기 때문이다. 한국에 케이크나 빵의 개념이 소개된 것은 일제 강점기부터이다. 구한말 선교사들에 의해 서양의 과자가 소개되었고 오븐을 대신하기 위해 숯불을 피운 뒤 그 위에 시루를 엎고 그 위에 빵 반죽을 올려놓은 다음 뚜껑을 덮어 구웠다고 한다. 이후 일본인들에 의해 빵 제조업소가 국내에서 생산판매하였으나 기술적인 면에서 제대로 전수되지 못하고 제과, 제빵 재료면에서도 어려운 상황이 계속되어 왔다. 그러다가 1970년대 초에 이르러 적극적인 분식장려정책에 의해 급속한 빵류의 소비증가로 양산체제를 갖춘 제과회사가 생겨났다. 한국 최초의 서양식 제과점은 일제 강점기 시절 군산에 오픈한 '이성당(李盛堂)'으로 알려져 있다. 이성당은 1920년대 일본인이 운영하던 '이즈모야'라는 화과점이 해방 직후 한국인 이씨에게 넘겨져 이성당으로 가게 명칭을 변경해 현재까지 운영되고 있다.

## (4) 케이크의 개념

제과와 제빵을 구분하는 기준은 이스트 사용 유무, 설탕 사용량, 밀가루의 종류, 반죽상태 등이 있는데 가장 중요한 기준은 이스트 사용 유무이다.

가장 기본적으로 케이크란 설탕, 달걀, 밀가루 또는 전분, 버터 또는 마가린, 우유, 크림, 생크림, 양주류, 레몬, 초콜릿, 커피, 과일, 향료 등의 재료를 적절히 혼합하여 구운 서양과자의 총칭이다.

케이크는 슈(choux), 타틀렛(tartlet) 같은 소형과자에서부터 대형과자, 뷔슈 드 노엘 등이 제과영역에 해당된다. 이밖에도 초콜릿 제품, 크림류, 냉과류, 소스류, 공예과자 등 빵류를 제외한 대부분이 포함된다. 케이크는 밀가루, 설탕, 달걀, 베이킹파우더, 버터 등이 기본 재료로 구성된 반죽을 틀에 붓고 오븐에 구워 만드는데 이때 만들고자 하는 케이크 종류에 따라 반죽 재료의 구성 비율이나 새로운 재료가 추가되고 굽는 방법도 달라진다. 구워진 케이크에 버터크림, 생크림 등의 크림을 바르고 케이크 표면을 매끄럽게 마무리하는 아이싱 과정과 다양한 모양의 장식물로 개성 있게 꾸미는 데코레이션 과정을 거쳐 맛과 형태가 다른 많은 종류의 케이크를 만든다.

케이크 중 가장 먼저 만들어진 제품은 파운드 케이크로 알려져 있으며, 영국에서 처음 만들 때 설탕, 버터, 밀가루, 달걀을 각각 1파운드씩 사용하여 만든 전통적인 케이크다. 유지의 공기포집 능력을 이용한 대표적인 반죽형 케이크로 최근에는 크기와 맛의 변화를 위하여 다양한 재료와 배합률을 변경하고 여러 가지 견과류, 과일, 향, 베이킹파우더, 커피 등을 넣고 과일 파운드 케이크, 커피 파운드 케이크, 호두 파운드 케이크 등 종류가 매우 다양하다.

## 2) 제과의 분류

### (1) 팽창 형태에 따른 분류

#### ❶ 화학적 팽창(Chemically Leavened)

베이킹파우더, 중조, 암모늄 같은 화학팽창제를 사용하여 제품을 팽창시키는 방법으로 반죽형 케이크, 케이크 도넛, 과일 케이크, 파운드케이크, 머핀 케이크, 마블 케이크, 비스킷, 레몬 케이크 등이 있다.

#### ❷ 공기팽창(Air Leavened)

믹싱 중 포집된 공기에 의해서 반죽의 부피를 팽창시키는 방법으로 스펀지 케이크, 시퐁 케이크, 엔젤 푸드 케이크, 머랭, 마카롱 등이 있다.

#### ❸ 유지팽창(Fat Leavened)

밀가루 반죽에 충전용 유지를 넣고 밀어펴기를 하여 결을 만들어 굽는 동안에 유지의 수분이 증발하여 반죽을 팽창시키는 방법으로 퍼프 페이스트리, 데니쉬 페이스트리 등이 있다.

#### ❹ 무팽창(Not Leavened)

제과류 반죽에서 팽창을 하지 않는 방법으로 쿠키, 타르트의 기본 반죽, 파이껍질 등이 있다.

#### ❺ 복합형 팽창(Combination Leavened)

다양한 종류의 팽창 형태를 겸한 것으로 공기팽창과 이스트, 공기팽창과 베이킹파우더, 이스트와 베이킹파우더 등 공기팽창과 화학적 팽창을 혼합한 형태를 말한다.

### (2) 반죽형 반죽법

케이크 반죽(cake batter)은 외향이나 배합률, 제품의 특성에 따라서 분류한다.

반죽형 케이크(batter type cake)는 밀가루, 설탕, 우유 등에 의하여 케이크 구조를 형성하고 많은 양의 유지를 사용하며, 베이킹파우더와 같은 화학팽창제를 사용하여 부피가 팽창한 반죽이다. 파운드 케이크, 레이어 케이크, 과일 케이크, 컵케이크, 바움쿠헨, 초콜릿 케이크, 마들렌 등이 있으며, 반죽하는 법은 다음과 같다.

### ❶ 크림법(Creaming Method)

반죽형 케이크의 대표적인 반죽법이다. 유지와 설탕을 부드럽게 만든 후 달걀 등의 액체 재료를 서서히 투입하면서, 부드러운 크림을 만들고 마지막으로 체 친 가루 재료를 넣고 반죽하는 방법이다. 유지의 온도를 22~23℃로 유지하면서 크림화시킬 때 수분 보유력이 가장 뛰어나며, 부피가 큰 제품을 얻을 수 있는 장점과 유연감이 적은 단점이 있다.

### ❷ 블랜딩법(Blending Method)

유지와 밀가루를 믹싱 볼에 넣고 밀가루가 유지에 의해 가볍게 피복되도록 하며, 다른 건조 재료와 액체 재료를 일부 넣고 부드럽게 혼합한다. 마지막으로 액체 재료 등을 넣으면서 덩어리가 없는 균일한 상태의 반죽을 만드는 방법이다.

밀가루는 액체와 결합하기 전에 유지로 피복되어 글루텐이 발전되지 않기 때문에 기공과 속결이 좋으며, 제품의 조직을 부드럽게 하고, 유연감을 우선으로 하는 경우에 사용된다. 그러나 부피가 작은 것이 단점이다.

### ❸ 설탕/물법(Sugar/Water Method)

설탕과 액체 재료를 섞어 액당을 만든 후 건조 재료를 넣고 달걀을 넣어 마무리하는 방법으로 양질의 제품 생산과 운반의 편리성으로 규모가 큰 회사에서 사용한다. 장점은 녹지 않은 설탕 입자가 없으므로 제품이 균일하고 속결이 좋고 껍질색이 잘 나며, 대량생산이 용이하나 설비가 많이 드는 단점이 있다.

### ❹ 단단계법(Single Stage Method)

제품에 사용되는 모든 재료를 한꺼번에 넣고 반죽하는 방법으로 노동력과 제조시간이 절약되고 대량생산이 가능하다. 단점으로는 성능이 우수한 믹서를 사용해야 하며, 팽창제나 유화제를 사용하는 것이 좋으며, 믹싱시간에 따라 반죽의 특성이 달라진다.

- 유지에 설탕을 첨가할 때에는 충분히 반죽해야 하며, 공기를 포집시키지 않으면 제품의 결이 좋지 않다.
- 반죽에 들어가는 달걀의 양이 많을 때는 소량의 밀가루를 투입하여 달걀의 수분을 흡수해야 크림의 분리를 막을 수 있다.
- 밀가루를 넣고 반죽할 때는 최대한 가볍게 혼합하여 글루텐이 생기지 않게 유의한다.

## (3) 거품형 반죽법

거품형 반죽법의 종류에는 공립법과 별립법, 제누아즈법, 시퐁법이 있다.

달걀 단백질의 교반으로 신장성과 기포성, 변성에 의해 부피가 팽창하여 케이크 구조가 형성되며 일반적으로 유지를 사용하지 않으나 유지를 사용할 경우 반죽의 최종단계에 넣고 마무리한다. 거품형 케이크의 특징은 해면성이 크며 제품이 가볍다. 스펀지 케이크, 젤리 롤 케이크, 엔젤 푸드 케이크, 버터 스펀지 케이크, 달걀흰자만 사용하는 머랭(meringue) 등이 있다.

### ❶ 공립법(Sponge of Foam Method)

달걀의 흰자와 노른자를 다 같이 넣고 설탕을 더하여 거품을 내는 방법으로 공정이 간단하며, 더운 믹싱법과 찬 믹싱법이 있다.

더운 믹싱법은 달걀과 설탕을 중탕하여 저어 40~45℃까지 데운 후 거품을 올리는 방법이다. 고율배합에 사용하며 기포성이 양호하고 설탕의 용해도가 좋아 껍질색이 균일하다. 찬 믹싱법은 현장에서 가장 많이 사용하는 방법으로 달걀에 설탕을 넣고 거품을 내는 형태로 베이킹파우더를 사용할 수도 있으며 반죽온도는 22~24℃, 저율배합에 적합하다.

## ❷ 별립법(Two Stage Foam Method)

달걀의 흰자와 노른자를 분리하여 각각에 설탕을 넣고 거품을 올리는 방법으로 다른 재료와 함께 노른자 반죽, 흰자 반죽을 혼합하며, 제품의 부피가 크고 부드럽다.

## ❸ 제누아즈법(Genoise Method)

반죽에 버터를 녹여서 넣고 만든 방법으로 이탈리아 제노아라는 지명에서 유래되었으며, 달걀의 풍미와 버터의 풍미가 더해져 맛이 뛰어나며 제품이 부드럽다.

버터는 중탕으로 50~60℃ 녹여서 사용하며 반죽의 마지막 단계에 넣고 가볍게 섞는다.

## ❹ 시퐁법(Chiffon Type Method)

별립법처럼 달걀의 흰자와 노른자로 나누어서 반죽하되, 노른자는 거품을 내지 않고 다른 재료와 섞어 반죽형으로 하고 흰자는 설탕과 섞어 머랭을 만들어 화학팽창제를 첨가하여 팽창시킨 반죽이다. 즉 반죽형과 거품형의 조합한 방법으로 제품의 기공과 조직 부드러움이 좋으며, 거품형과 비슷하다.

### 거품형 케이크 제조 시 주의할 점

- 사용하는 모든 그릇은 기름기가 없도록 깨끗하게 제거한다.
- 달걀을 중탕할 때 물 온도가 높으면, 달걀이 익을 수 있다. 달걀이 익으면 결이 좋지 않고 제품이 찌그러지는 원인이 된다.
- 밀가루를 넣고 반죽할 때 오랫동안 하지 않도록 주의한다. 오래 하면 글루텐이 생기고 식감이 떨어지며, 부피가 작아진다.

## (4) 거품형 반죽법 머랭

❶ 이탈리안 머랭(Italian Meringue)
- 알루미늄자루 냄비에 물, 설탕을 넣고 끓인다. 118℃
- 거품 올린 흰자에 끓인 설탕 시럽을 부어주면서 머랭을 만든다.
- 무스 케이크와 같이 굽지 않는 케이크, 타르트, 디저트 등에 사용하며, 버터크림, 커스터드크림 등에 섞어 사용하기도 한다.

❷ 스위스 머랭(Swiss Meringue)
- 스위스 머랭은 달걀흰자와 설탕을 믹싱 볼에 넣고 잘 혼합한 후에 중탕하여 45~50℃ 되게 한다.
- 달걀흰자에 설탕이 완전히 녹으면 볼을 믹서에 옮겨 팽팽한 정도가 될 때까지 거품을 낸다.
- 슈거파우더를 소량 첨가하여 각종 장식 모양(머랭 꽃, 머랭 동물, 머랭 쿠키 등)을 만들 때 사용한다.

❸ 찬 머랭(Cold Meringue)
- 달걀흰자 거품을 올리면서 설탕을 조금씩 넣어주며 만드는 머랭이다.
- 만드는 목적에 따라 설탕과 흰자의 비율이 달라지며, 머랭의 강도를 조절하여 만든다.
- 머랭의 강도는 젖은 피크(50~60%), 중간 피크(80~90%), 강한 피크로 나눌 수 있다.

❹ 더운 머랭(Hot Meringue)
- 설탕과 흰자를 중탕하여 설탕의 입자를 녹인 후 거품을 충분히 올린다.
- 결이 조밀하고 강한 머랭이 만들어진다.

### 머랭을 만들 때 주의할 사항

- 흰자를 분리할 때 노른자가 들어가지 않도록 한다.
- 믹싱 볼이 깨끗해야 한다(기름기나 물기가 없어야 함).
- 거품을 올릴 때는 빠르게 하고 나중에는 속도를 줄여 기포를 작게 하여 단단한 머랭이 되도록 한다.

## 3) 제과의 공정 순서

### (1) 반죽법 결정

제품의 종류와 특성, 만드는 과정에 따라 어떻게 반죽할 것인지 반죽법을 결정한다. 예를 들면 스펀지 시트를 만들고자 할 때 공립법을 할 것인지 아니면 별립법 또는 시퐁법을 할 것인지 결정한 후에 시작한다.

### (2) 배합표 작성과 재료 계량하기

① 하나의 제품을 만들기 위해서는 재료의 양을 정확하게 계산하고 재료의 특성과 배합표의 작성이 필요하다.

② 배합표 작성은 생산량에 따라 필요한 양을 조절할 수 있어야 한다.

③ 배합량 계산법

$$\text{밀가루 무게(g)} = \frac{\text{밀가루 비율(\%)} \times \text{총 반죽무게(g)}}{\text{총 배합률(\%)}}$$

$$\text{각 재료의 무게(g)} = \frac{\text{총 배합률(\%)} \times \text{밀가루 무게(g)}}{\text{밀가루 비율(\%)}}$$

$$\text{총 반죽무게(g)} = \frac{\text{총 배합률(\%)} \times \text{밀가루 무게(g)}}{\text{밀가루 비율(\%)}}$$

$$\text{트루 퍼센트} = \frac{\text{각 재료 중량(g)} \times 100}{\text{총 재료 중량(g)}}$$

④ 배합표의 배합률은 %로 표기하며, 배합량은 g으로 표기한다. 많이 사용하고 있는 베이커스 퍼센트는 밀가루 비율 100% 기준으로 표기한다. 트루 퍼센트는 전체 사용된 재료의 합계를 100%로 표기한다.

### (3) 제과 반죽온도

반죽온도는 케이크 제조 시 매우 중요하다. 반죽온도에 영향을 미치는 요인은 사용하는 각 재료의 온도와 실내온도, 장비온도, 믹싱법 등에 따라 다르며, 반죽온도가 제품에 미치는 영향은 다음과 같다.

① 반죽온도는 제품의 굽는 시간에 영향을 주어서 수분, 팽창, 껍질 등에 변화를 준다.

② 낮은 반죽의 온도는 기공이 조밀하고 부피가 작아지고 식감이 나쁘며, 높은 온도는 열린 기공으로 조직이 거칠고 노화가 되기 쉽다.

③ 반죽형 반죽법에서 반죽온도는 유지의 크림화에 영향을 미치는데 유지의 온도가 22~23℃일 때 수분함량이 가장 크고 크림성이 좋다.

---

**반죽온도 계산법**

① 마찰계수 = 반죽결과온도×6 − (실내온도+밀가루온도+설탕온도+쇼트닝온도+달걀온도+수돗물온도)

② 사용수 온도 = 희망반죽온도×6 − (실내온도+밀가루온도+설탕온도+쇼트닝온도+달걀온도+마찰계수)

③ 얼음 사용량(g) = $\dfrac{\text{물 사용량} \times (\text{수돗물온도} + \text{사용수 온도})}{80 + \text{수돗물온도}}$

---

### (4) 반죽의 비중

어떤 물질의 질량과 이것과 같은 부피인 표준물질의 질량 사이의 비, 즉 같은 용적의 물 무게에 대한 반죽무게(물 무게 기준)를 나타낸 값을 비중(specific gravity)이라고 한다.

제품의 종류에 따라서 반죽의 비중이 다르기 때문에 그에 맞는 비중을 맞추어야 한다. 또한 비중은 일정한 무게로 제품을 만들 때 부피에 많은 영향을 미치며, 제품의 부드러움과 조직, 기공, 맛, 향에도 중요한 인자이다.

**❶ 비중이 제품에 미치는 영향**

- 같은 무게의 반죽이면서 비중이 높으면 제품의 부피가 작고 비중이 낮으면 부피가 크다.
- 비중이 높을수록 기공이 조밀하고 무거우며, 비중이 낮을수록 제품의 기공이 크고 조직이 거칠다.

**❷ 비중 측정법**

- 비중컵을 이용하여 비중을 측정한다.
- 비중은 같은 부피의 반죽무게에 같은 부피의 물 무게를 나눈 값으로 반드시 컵의 무게는 빼고 반죽무게와 물의 무게로만 계산한다.
- 비중 $= \dfrac{(\text{컵 무게} + \text{반죽무게}) - \text{컵 무게} = \text{반죽 무게}}{(\text{컵 무게} + \text{물 무게}) - \text{컵 무게} = \text{물 무게}}$

## (5) 성형 및 팬 부피

제품의 종류와 각각의 반죽 특성과 모양에 따라서 접어서 밀기, 찍어내기, 짜내기, 몰드에 반죽 넣기 등 성형하는 방법이 다양하며, 주의사항은 다음과 같다.

① 반죽무게를 구하는 공식은 다음과 같으며, 적정한 양을 넣는 것이 중요하다.

$$\text{반죽무게} = \dfrac{\text{팬 부피}}{\text{비 용적}}$$

② 제품의 종류에 따라 반죽의 특성이 다르고 비중이 다르기 때문에 동일한 팬 부피에 대한 반죽의 양도 다르게 넣어야 한다.

③ 팬 부피에 비하여 너무 많거나 적은 양의 반죽을 분할하여 구우면 모양이 좋지 않고 상품의 가치가 없어진다.

### (6) 케이크 굽기

케이크 제조과정의 마지막 단계인 만큼 매우 중요하다. 케이크 반죽은 분할하여 팬닝이 끝나면 빨리 오븐에 넣어야 한다. 대부분의 반죽에 베이킹파우더가 들어가기 때문에 시간이 지나면 이산화탄소가 방출되어 굽기가 끝나고 오븐에서 나왔을 때 부피가 작고 기공이 균일하지 않을 수 있다. 케이크는 반죽 내 설탕, 유지, 밀가루, 액체류 등의 사용량에 따라 반죽의 유동성이 다르고 팬의 크기와 부피, 무게에 따라 오븐에서 굽는 온도, 굽는 시간이 달라진다.

높은 온도에서 구우면 제품의 속부분이 익지 않아서 가라앉는 현상이 생기고 낮은 온도에서 오래 구우면 수분이 증발하여 부드럽지 못하고 노화가 빨라진다.

### (7) 과자류와 케이크 제품 평가 기준

**❶ 외부평가**

- 부피 : 정상적인 제품의 크기와 비교하여 적정하게 팽창해야 한다.
- 균형 : 오븐에서 구워 나온 제품이 균형을 이루고 있어야 한다.
- 껍질색 : 껍질색이 진하거나 연하지 않은 먹음직스러운 황금색이 나야 한다.

**❷ 내부평가**

- 맛 : 제품의 특성에 맞는 식감과 향이 조화를 이루어 맛이 있어야 한다.
- 내상 : 제품을 잘라서 속을 보았을 때 기공이 적절하고 고른 조직이 되어야 한다.
- 향 : 제품의 특성에 맞는 특유의 향이 나와야 한다.

## 4) 쿠키의 기본

한입에 먹을 수 있는 과자의 대표적인 것이 쿠키이다. 쿠키의 어원은 네덜란드의 쿠오퀘에서 따온 말로 '작은 케이크'라는 뜻이다. 쿠키는 미국식 호칭이며, 영국에서는 비스킷, 프랑스에서는 사블레, 독일에서는 게백크 또는 테게베크(The Gebak), 우리나라에서는 건과자라고 한다. 쿠키는 재료나 만드는 방법에 따라 여러 종류가 있다. 쿠키를 비롯하여 유럽식 과자들은 주로 식사 후의 디저트나 티타임의 간식으로 사랑받는다. 쿠키는 주로 홍차나 커피와 어울려 조화로운 맛을 내는 특성 때문에 오늘날에도 여전히 차의 파트너로 사랑을 받고 있다.

쿠키는 차나 커피와 함께 먹는 건과자의 일종으로 기본적으로는 밀가루, 달걀, 유지, 설탕, 팽창제만 있으면 만들 수 있다. 여기에 코코아나 치즈로 풍미를 내거나 반죽에 초콜릿, 견과류, 과일 필을 섞어 구우면 종류가 무척 다양해진다. 쿠키는 제법과 반죽의 구성 성분에 따라 분류하면 짜는 쿠키, 모양 틀로 찍어내는 쿠키, 냉동쿠키로 나눈다.

## (1) 제조특성에 따른 쿠키 분류

### ❶ 짜는 형태의 쿠키: 드롭쿠키, 거품형 쿠키
- 달걀이 많이 들어가 반죽이 부드럽다.
- 짜낼 때에 모양을 유지시키기 위해서는 반죽이 거칠면 안 되기 때문에 녹기 쉬운 분당(슈거파우더)을 사용한다.
- 반죽을 짤 때에는 크기와 모양을 균일하게 짜준다.

### ❷ 밀어서 찍는 형태의 쿠키: 스냅 쿠키, 쇼트브레드 쿠키
- 버터가 적고 밀가루 양이 많이 들어가는 배합이다.
- 반죽을 하여 냉장고에서 휴지시킨 다음 성형을 하면 작업하기가 편하다.
- 반죽은 덩어리로 뭉치기 쉬워야 하고 이것을 밀어서 여러 모양의 형틀로 찍어 내어 굽는다.
- 과도한 덧가루 사용은 줄이고 반죽의 두께를 일정하게 밀어준다.

### ❸ 아이스박스 쿠키(냉동쿠키)
- 버터가 많고 밀가루가 적은 배합이다.
- 반죽을 냉장고에서 휴지시킨 다음 뭉쳐서 밀대모양으로 성형하여 냉동실에 넣는다.
- 실온에서 해동한 후 칼을 이용하여 일정한 두께로 자른 다음 팬에 굽는다.

## (2) 쿠키 구울 때 주의사항

- 쿠키는 얇고 크기가 작아서 오븐에서 굽는 동안 수시로 색깔을 보고 확인해야 한다.
- 반죽을 오븐에 넣을 때 적정온도가 되지 않으면 바삭한 쿠키가 나오지 않는다. 오븐온도가 낮으면 수분이 한번에 증발하지 않기 때문이다.
- 실리콘 페이퍼를 사용하면 쿠키반죽이 타지 않고 원하는 모양의 제품을 얻을 수 있다.

## (3) 쿠키의 기본 공정

**① 유지 녹이기**

쿠키반죽을 하기 전에 유지류는 냉장고에서 미리 꺼내어 실온에서 부드럽게(손으로 눌렀을 때 자연스럽게 들어가는 정도) 하여 사용한다.

**② 밀가루와 팽창제 체에서 내리기**

밀가루와 팽창제를 고운체에 내린다. 내리는 과정에서 이물질 제거와 밀가루 입자 사이에 공기가 들어가 바삭바삭한 쿠키를 만들 수 있다.

**③ 팬닝 준비하기**

구워진 쿠키가 달라붙지 않게 오븐 팬에 버터나 코팅용 기름을 바른다.

**④ 유지 크림화하기**

유지를 실온에 두어 부드럽게 한 후 볼에 넣고 크림상태로 만든다.

**⑤ 설탕 넣고 반죽하기**

유지에 설탕을 두세 번 나누어 넣으면서 섞는다.

**⑥ 달걀 넣기**

달걀을 조금씩 나누어 넣는다. 여러 번에 나누어 넣어야 유지와 달걀이 서로 분리되지 않고 잘 섞인다.

**⑦ 바닐라 향 넣기**

바닐라 향을 넣고 고루 섞는다. 바닐라 향이 달걀의 비릿한 맛을 없애고 향을 돋운다.

**⑧ 밀가루 넣고 섞기**

체에 내린 밀가루를 넣고 밀가루가 보이지 않을 정도로 잘 섞는다. 고무주걱으로 천천히 섞어야 바삭한 쿠키가 된다.

### (4) 쿠키의 기본 배합에 따른 분류

**❶ 설탕과 유지의 비율이 같은 반죽(pate de milan)**

- 밀가루 100%, 설탕 50%, 유지 50%

- 이탈리아 밀라노풍의 반죽이라고 불리는 반죽이 쿠키의 표준반죽이다.

**❷ 설탕보다 유지의 비율이 높은 반죽(pate sablee)**

- 밀가루 100%, 설탕 33%, 유지 66%

- 설탕보다 유지의 양이 많은 반죽은 구운 후에 잘 부스러지기 쉬우며 "샤브레"라고도 부른다.

**❸ 설탕보다 유지의 비율이 낮은 반죽**

- 밀가루 100%, 설탕 66%, 유지 33%

- 유지보다 설탕 함량이 많은 반죽은 구운 후에도 녹지 않은 설탕 입자 때문에 약간 딱딱하다.


## 5) 마지팬

### (1) 마지팬의 기원과 역사

현대양과자전서(The International Confectionery)에 의하면, 마지팬에 관한 가장 오래된 기록은 고대 그리스 지리학자이며 역사학자인 스트라본(BC64년~AD21년경)의 지리학이라고 하는 책에 나와 있는 것인 듯하다.

그 기록에 의하면 앗시리아 사멸 후, 오리엔트에 있어 유력한 고대왕국 메디아(기원전 7세기경 건국, 기원전 550년경 페르시아에 멸망됨)의 주민이 과일을 말려 가루를 만든 것으로 과자를 만들고 반죽한 아몬드로 빵을 만든 것이 마지팬의 기원이라고 여겨진다.

마르지판이 중동에서 유럽으로 전해진 계기가 된 것은 십자군전쟁이라는 설이 유력하다. 독일어인 마르지판을 영국식 발음으로 마지팬이라 하는데, 독일에서는 마르지판 외에 마르치판마세, 만델마세라고도 한다. 프랑스에서는 아몬드 이외의 다른 견과류를 사용할 경우 마스팽(massepain)이라고 하는데, 호두를 이용한 페이스트를 마스팽 오 누아(massepain a unoix)라 한다. 아몬드와 설탕이 비싼 것이었기 때문에 일반화된 것은 근대에 들어와서라고 할 수 있다.

마지팬은 덩어리 그대로 잘라서 먹기도 하지만 얇게 밀어 웨딩 케이크나 크리스마스 케이크에 씌워 장식하기도 한다. 독일에서는 스톨렌(Stollen)이라는 빵 속에 넣기도 하며, 동물이나 과일 모양으로 만든 다음 식용색소로 색을 입혀 새해와 크리스마스 때 먹기도 한다. 우리나라에서는 주로 설탕이 아몬드보다 많이 들어 있는 '공예용 마지팬'을 많이 사용하며, 케이크 위의 장식물(꽃, 동물, 과일 모양 등)로 쓰이기 때문에 식용으로 사용하기에는 맛과 품질이 떨어진다. 마지팬은 우리에게 생소하지만 유럽인에게는 초콜릿만큼 사랑받는 과자이며 초콜릿의 중요한 재료 중 하나이다.

## (2) 마지팬의 기본 배합

마지팬은 매우 부드럽고 색을 들이기도 쉽기 때문에 식용색소로 색을 내어 꽃, 과일, 동물 등의 여러 가지 모양으로 만든다. 특히 얇은 종이처럼 말아서 케이크에 씌우거나 가늘게 잘라서 리본이나 나비 매듭 등의 여러 가지 다른 모양으로 만들기도 한다. 마지팬의 배합과 만드는 방법은 많으나 크게는 두 가지 종류가 있는데, 독일식 로마세 마지팬(rohmasse-marzipan)은 설탕과 아몬드의 비율이 1:2로서 아몬드의 양이 많아 과자의 주재료 또는 부재료로서 사용된다. 프랑스식 마지팬(Marzipan)은 파트 다망드(pate d'amand)라고 하는데, 설탕과 아몬드의 비율이 2:1로서 설탕의 결합이 훨씬 치밀해 결이 곱고 색깔이 흰색에 가까워서 향이나 색을 들이기 쉬우므로 세공물을 만들거나 얇게 펴서 케이크 커버링에 사용한다.

● **로우 마지팬**

| | |
|---|---|
| 아몬드(충분히 건조시킨 것) | 2,000g |
| 가루설탕 혹은 그라뉴당 | 1,000g |
| 물 | 400~600ml |

● **마지팬**

| | |
|---|---|
| 아몬드(충분히 건조시킨 것) | 1,000g |
| 가루설탕 혹은 그라뉴당 | 2,000g |
| 물 | 400~600ml |

### (3) 마지팬의 종류

마지팬도 혼당과 같이 여러 가지 부재료를 첨가하여 풍미를 변화시킬 수 있으므로 많은 종류의 마지팬을 만들 수 있다. 가장 중요한 것은 마지팬의 수분함량 조절이다.

마지팬에 풍미를 곁들이기 위해 필요한 것을 섞어 초콜릿 마지팬, 커피 마지팬 등을 만들 수 있고 아몬드와 설탕가루를 롤러로 분쇄하는 단계에서부터 과즙을 넣고 만든 후루츠 마지팬, 크림 마지팬 등이 있다.

즉, 풍미를 더하는데 사용하는 것이 수분함량이 적은 경우는 기본 마지팬에 섞는 것만으로 지장이 없지만 수분이 많은 경우는 마지팬이 너무 부드러워서 안 좋다.

후레시 크림이나 과즙 등과 같이 풍미를 더하는 데 사용하는 것이 수분이 많은 경우는 아몬드와 설탕가루로 마지팬을 만들 때 필요한 물을 그만큼 줄여서 만든다.


## 6) 케이크 디자인의 기본

케이크 디자인은 회화나 조각과는 다르게 많은 제약과 어려움이 있다. 회화나 조각은 시각 창조 과정을 통해서 어떠한 메시지 전달을 주목적으로 하다면 케이크 디자인은 한정된 대상 제품 안에서 고객의 요구하는 요소를 파악하고 부응해야 한다. 그러므로 제품의 특성을 가장 잘 나타낼 수 있는 재료와 디자인 구성요소들을 적절히 조합하는 능력과 고객이 만족할 수 있도록 표현하는 능력이 중요하다.


### (1) 디자인의 구성요소

디자인의 구성요소에는 개념요소와 시각요소, 상관요소, 실제요소가 있다.

#### ❶ 개념요소
실제로 존재하지 않으나 존재하는 것처럼 정의된 요소이며, 점, 선, 면, 입체가 이에 해당한다.

### ❷ 시각요소

점, 선, 면 등 실제로 존재하지 않는 요소들을 가시적으로 표현했을 때 나타나는 요소들이다. 실제로 볼 수 있고 느낄 수 있는 요소로 형태, 크기, 색채, 질감 등이 있다.

### ❸ 상관요소

각각의 개별적 요소들이 서로 유기적 상관관계를 이루어 상호작용을 함으로써 나타나는 느낌이다. 상관요소에는 방향감과 위치감, 공간감, 중량감이 있다.

### ❹ 실제요소

디자인의 내용과 범위를 포괄하는 요소로 디자인의 고유 목적을 충족시키기 위해 존재하는 요소이다. 질감 표현을 위한 재료, 의미에 맞는 색상, 디자인 목적에 적합한 기능, 메시지 전달을 위한 상징물 등이 실제적 요소이다.

## (2) 디자인의 구성 원리

디자인의 구성요소들을 어떻게 활용하느냐에 따라서 디자인의 품질은 달라진다. 디자인의 구성 원리에는 조화, 균형, 비례, 율동, 강조, 통일이 있다.

### ❶ 조화(Harmony)

둘 이상의 요소가 결합하여 통일된 전체로서 각 요소마다 더 높은 의미와 미적 효과를 나타내는 것이다.

요소끼리 분리되거나 배척하지 않고 질서를 유지함으로써 달성할 수 있다. 조화에는 유사조화, 대비조화가 있다.

### ❷ 균형(Balance)

요소들의 구성에 있어 가장 안정적인 원리이다. 형태와 색채 등의 각 구성요소의 배치 방법에 따라 대칭과 비대칭 균형으로 나눈다.

### ❸ 비례(Proportion)

신비로운 기하학적 미의 법칙으로 고대 건축에서부터 많이 활용되어 왔다. 서로 다른 사물들이 디자인 요소로 사용될 때 그 요소들의 상대적인 크기로서 비교되는 균형의 미를 나타낸다.

### ❹ 율동(Rhythm)

같거나 비슷한 요소들이 일정한 규칙으로 반복되거나, 일정한 변화를 주어 시각적으로 동적인 느낌을 갖게 하는 요소이다.

### ❺ 강조(Emphasis)

특정 부분에 변화를 주어 시각적 집중성을 갖게 하거나 강한 인상을 주기 위한 방식이다. 형태의 느낌을 강하게 표현하기 위해 사물의 특성을 간결하게 변형하여 나타내기도 하고 시선을 한곳으로 모으는 초점(focal point)기법을 사용하기도 한다.

### ❻ 통일(Unity)

디자인이 갖고 있는 요소들 속에 어떤 조화나 일치가 존재하고 있음을 의미한다. 디자인의 모든 부분이 서로 유기적으로 적절히 연결되어 부분보다는 전체가 두드러져 보일 때 통일감을 느낄 수 있다.

## (3) 색채의 기본과 활용

모든 디자인에 있어서 형태와 색은 가장 중요한 요소이다. 사람의 시각을 가장 자극하는 것은 생체적 요소이며, 점, 선, 면, 입체 등의 요소들도 색상에 따라 그 느낌이 달라질 수 있다.

색의 혼합을 통해 여러 가지 다른 색을 만들 수 있는 세 가지 색을 말한다. 가산혼합의 3원색은 빨강(Red), 초록(Green), 파랑(Blue)이며, 감산혼합의 3원색은 사이안(Cyan), 마젠타(Magenta), 옐로(Yellow)이다.

### ❶ 색의 분류

① 기본색

- 색의 3원색(감산혼합): 사이안(Cyan), 마젠타(Magenta), 옐로(Yellow)
- 빛의 3원색(가산혼합): 빨강(Red), 초록(Green), 파랑(Blue)

② 유채색

무채색 이외의 모든 색을 말한다. 빨강, 주황, 노랑, 녹색, 파랑, 남색, 보라 등의 무지개 색과 이들의 혼합에서 나오는 모든 색이 포함된다. 색상과 명도, 채도를 가지며 빨강, 파랑, 노랑과 같이 더 이상 쪼갤 수 없는 색을 원색, 동일 색상 중에서 무채색이 섞이지 않은 순수한 색을 순색이라 한다.

③ 무채색

색상과 채도 없이 오직 명도만 가진 색을 말한다. 흰색, 검정색, 회색이 이에 속한다.

**❷ 색의 속성**

① 색상

색의 차이를 나타내는 말로 빨강, 파랑, 노랑 등 색의 이름을 구별한다.

- 1차색: 빨강, 파랑, 노랑
- 2차색: 주황, 녹색, 보라
- 3차색: 귤색, 다홍, 자주, 남색, 청록, 연두

② 채도

색의 선명한 정도를 나타낸다. 채도가 높을수록 색의 강도는 강하고 채도가 낮을수록 색의 강도는 약해진다.

채도가 아주 낮아지면 나중에는 흰색이나 회색, 검정 등의 무채색이 된다.

③ 명도

색의 밝기를 원한다. 명도가 가장 높은 색은 흰색이고 가장 낮은 색은 검정이다. 유채색과 무채색 모두 명도를 가진다.

④ 톤

명도와 채도에 따라 결정되는 색의 느낌을 말한다. 명암, 농담, 경중, 화려함, 수수함 등 색감이 정도를 나타낸다.

### ❸ 색의 이미지

색채에는 사람의 감정을 자극하는 효과가 있다. 색에서 받는 느낌은 색에 따라 다르며, 이를 적절히 활용함으로써 디자인의 효과를 더욱 배가시킬 수 있다.

① 색의 감정적 효과

온도감, 중량감, 강약감, 경연감을 나타낸다.

② 색의 공감각

색의 다른 감각기관인 미각, 후각, 청각 등을 같이 느끼게 하는데 이것을 색의 공감각이라 한다. 여기에는 미각, 후각, 청각, 촉각, 계절감을 느낄 수 있다.

# 2 디저트 개념

디저트는 서양요리 식단에서 샐러드 다음에 나오는 앙트르메이나 과일 같은 후식으로 본래는 프랑스어로 '식사를 끝마치다' 또는 '식탁 위를 치우다'의 뜻이다. 식사를 다 끝마치고 식욕이 충족된 상태에서 끝맺음을 우아하고 눈을 즐겁게 하여 식사의 여운을 마무리하는데 목적이 있다. 이 과정을 디저트 코스라고 하여, 영국이나 미국에서는 젤리, 푸딩, 케이크, 아이스크림, 과일 등을 낸다. 프랑스 요리에서 말하는 앙트르메는 원래 정식 식사에서 요리 사이에 내는 음식이었으나 현재는 식사 후의 후식을 의미한다. 앙트르메는 이미 끝마친 요리의 맛을 효과적으로 돋우기 위한 것으로 그 종류가 많으며 달걀, 설탕, 우유, 크림, 양주, 과일, 넛트, 향료 등을 사용하여 만들며, 뜨거운 것과 찬 것으로 나뉜다. 뜨거운 것은 앙트르메 쇼(entremet schaud)라고 하며, 수플레(souffle), 크레프(crepes) 등이 있고, 찬 것은 앙트르메 프루아(entremets froid)라고 하여 냉과(冷菓)와 아이스크림이 있다. 더운 것과 찬 것을 모두 제공할 때는 더운 것을 먼저 낸 다음 찬 것을 후에 내는 것이 순서이다. 디저트 코스로 들어가면 흡연을 하고, 자연스럽게 테이블 스피치(table speech)도 한다.

16세기 프랑스에서는 부와 권력을 가진 사람들에 의해 테이블 위에 잘 차려진 요리를 즐기기 시작하였고 이로 인해서 디저트 또한 보다 사치스럽고 시각적인 것으로 발전하였다. 따라서 마지막에 나오는 디저트는 자연스럽게 그날의 만찬을 마무리하는 최고의 요리로 변화되었다. 전통적으로 거대하게 행사를 치르는 연회에서 대부분 다섯 가지 코스요리가 나왔는데, 이 중에서 다섯 번째 나오는 마지막 코스가 매우 화려하고 장대하면서도 우아한 모양의 요리인 디저트로 제공되었다. 17세기에 들어와서 디저트는 향과 장식적인 면에서 좀 더 진보하는 경향을 보이게 되었다. 이 때 만들어진 디저트 요리로는 마지팬, 누가, 피라미드, 혼성주를 이용한 비스킷과 크림, 설탕과 오렌지 향을 섞은 아몬드 사탕, 피스타치오 등으로 매우 풍성하고 단맛이 강하며, 방향성이 짙은 것이 특징이라고 할 수 있다. 20세기에 접어들면서 공장형 디저트의 등장으로 인스턴트 디저트라는 단어가 사용되면서 하나의 산업형 디저트 시대를 맞이하였다. 이때부터 분말형의 디저트 재료가 생산되고 전처리 과정을 거쳐서 다양한 종류의 디저트가 많은 기술의 필요 없이도 생산이 가능하게 되었다.

# 3 디저트의 역사

달콤한 디저트의 역사는 인류의 시작과 함께 더불어 발전해 왔다. 세계 각 나라에서 다양한 풍미로 사람들의 입안을 즐겁게 해주고 있는 디저트는 초기에는 특권층만이 향유할 수 있었으며, 평범한 사람들은 중요한 행사가 있을 때나 특별한 경우에만 즐길 수 있는 음식이었다.

고대에는 사람들이 구할 수 있는 음식 자체가 많지 않았기 때문에 자연에서 우연히 나오는 과일이나 견과류를 이용하여 만들어진 것을 디저트로 제공하였다. 일반적으로 중세 시대에 설탕이 대량으로 생산된 이후부터 캔디가 본격적으로 만들어져 사람들이 먹기 시작했으며, 기원전 3000년부터 사람들의 입을 즐겁게 하는 많은 디저트들이 속속 생겨나기 시작했다.

설탕 생산의 발전과 동시에 많은 사람들이 설탕을 이용하여 각종 디저트를 만들기 시작하면서 디저트 문화는 급속도로 발전하게 되었다. 디저트는 달콤한 풍미를 남겨 식후 입안의 뒷맛을 없애는 효과를 내는 것이 그 기원이라고 할 수 있는데, 현재 수천 가지에 달하는 다양한 디저트 중 아이스크림, 케이크, 파이류 등은 사람들에게 가장 많은 사랑을 받고 있다.

슈 페이스트리, 크렘 푸에떼 등과 같은 것은 아니었으나 고대시대부터 달콤하게 먹고 있었으며, 달콤한 것들 중 가장 평범한 것은 오일과 꿀로 요리한 밀가루 갈레트(calette)다. 이 토속적인 과자류는 대규모 통과의례에 사용되었다.

기쁘게도 인류는 바로 가토(Gateau)를 좋아하게 된다. 당시 빠띠쓰리(pâtisserie) 발전을 이미 느끼고 있던 플리니우스가 남긴 오래된 기록이 있는데, 그는 빠띠쓰리에 대해 "달걀, 우유 그리고 버터와 함께"라고 묘사한 바 있다.

## 1) 디저트의 역사적 주요 발달기

① 중세시대에는 얇거나, 속에 재료를 넣었거나 콘처럼 돌돌 말린 와플이 큰 인기를 얻었다.

빠띠씨에와 푸아쓰(fouace, 비스킷의 일종) 빵집들은 축제용으로 운반 가능한 화덕도 갖추고 있었다. 껍질에 과일이 들어간 빠떼는 당시 케이터링 업체의 전문 요리였다.

② 르네상스는 다른 예술과 함께 빠띠쓰리가 많이 발전한 시대이다.

이 분야에서 최초의 저서인 프랑수아를 보면 설탕이 많이 알려져 있음을 알 수 있다.

뿌띠 슈, 머랭 등 달콤한 종류의 제품이 바로 이 시대에 만들어졌다. 이탈리아 제과업은 설탕을 끓여서 만드는 제과 분야에서 뛰어난 실력을 발휘하였다. 당시 이탈리아의 사회적 분위기가 식사의 마지막 부분을 새롭게 창조해 예쁘게 만들려는 의지가 있었고, 이것이 디저트에 많은 영향을 주게 된다.

유명 궁중 요리사 바뗄은 17세기, 궁중에 프리앙디즈(단과자류)를 소개한다. 베르사이유 궁전의 루이 14세 시절, 삐에쓰 몽떼(piece montee)는 연회에서 일종의 '늘임표'와 같은 역할을 했다.

③ 18세기에도 달콤한 디저트를 좋아하는 취향은 계속된다.

샹티이(chantilly) 크림이 급증하고, 아이스크림도 많은 사랑을 받는다. 현재도 남아있는 파리의 유명 레스토랑 프로꼬쁘(Procope)에서는 이 두 가지를 동시에 모두 맛볼 수 있다. 르노트르 정원에서처럼 영감을 받은 갸또들은 제비꽃, 쟈스민, 장미 등과 같은 꽃 향으로 만들어진다. 앤틸리스제도산 설탕과 바닐라는 이때 명품이 번성하였던 것처럼 퍼져 나갈 때 드디어 앙또냉 캬렘(Antonin Careme) 시절이 온다. 앙또냉(Antoine)은 19세기 빠띠쓰리를 장식적이고 고급스러운 단계로 끌어올리면서 예술의 반열에 올려놓는 매우 중요한 인물이다. 그는 예술에는 "5가지가 있다(회화, 조각, 시, 음악 그리고 건축인데 건축의 핵심 가치는 빠띠쓰리이다)"라는 말을 남겼다.

④ 20세기 초부터 전문 빠띠쓰리는 요리학에서 주요한 부분을 차지한다.

기술과 노하우에 대해 세계 각 나라들로부터 많은 관심을 받았다. 냉장과 전기가 보편화되고 주요 도시에 빠띠쓰리가 자리를 잡게 되면서, 파티쉐들과 주부들은 가토를 만들기 시작한다. 일요일이 되면 가토는 아이스크림과 함께 경합을 벌일 만큼 즐겨 찾는 음식이 되었는데, 유급휴가가 생기면서 처음으로 휴가를 떠나는 사람들에게 특히 많은 사랑을 받았다.

⑤ 1960년대까지 버터크림과 향을 가미한 앙트르메(Entremets)가 유행한다. 글라스 로얄(glace royale, 슈거파우더와 달걀흰자를 혼합)과 아몬드 페이스트가 장식에 다량 사용되면서 큰 인기를 얻게 된다. 크렘 랑베르세와 히 오레(riz au lait)의 시대가 지나고, 현대로 오면서 칼로리를 줄인 가벼운 디저트를 많이 찾게 된다. 롤링스톤을 듣던 시절, 바바루아 크림, 과일 무스 그리고 싸부아(savoie) 비스킷이 나와서 먹기 시작했다.

⑥ 현재 제과업계는 화려한 매장과 유명 이름들로 성행하고 있으며, 기술의 발전으로 설탕과 지방을 줄이고, 디저트 카트보다는 좀 더 세련된 플레이트가 대세다. 젊은 셰프(Chef)들은 제과 기술을 사용하여 조리된 다양한 디저트를 만들고 있다.

세계의 풍부한 요리 가운데 프랑스 스타일의 빠띠쓰리는 누구나 인정할 수밖에 없는 입지를 형성하고 있다. 빠띠쓰리는 곧 "프랑스식"을 의미한다. 그러나 이러한 프랑스 스타일 또한 다양한 영향을 받은 바 있다. 빠띠쓰리는 먼저 이탈리아의 것이었다.

메디치 가문은 빠뜨 아 슈의 창시자인 포펠리니를 프랑스 궁중으로 보낸다.

17세기 잼과 아몬드 페이스트를 유행시킨 나라가 바로 이탈리아이다. 설탕을 끓여 피규린과 기타 모티브를 만들 수 있는 이탈리아 제과업체들의 서비스를 얻기 위해 유럽 각국의 궁중들은 서로 경쟁하였다. 그리고 회화적인 빠띠씨에 꺄렘이 있는 프랑스가 이 기술을 손에 넣게 된다. 이렇게 프랑스식 빠띠쓰리는 프랑스 요리의 핵심으로 떠오르고 이어서 프랑스에서는 미식 문학이 급속도로 번성하고, 라블레, 그리모드 라 레니에르, 브리야 사바랭, 뒤마, 보들레르 그리고 프루스트 등이 미식 문화를 통해 채우게 된다. 시간이 흐르면서 빠띠쓰리 분야에는 국경을 초월하는 유산과 정체성이 형성되었고, 그러한 유럽 스타일은 지금 전 세계로 수출되고 있다.

# 4 국내 디저트 시장의 변화

현대사회의 전반적 생활수준이 높아지고 식생활 문화가 빠르게 변화하면서 외식의 빈도가 많아지고 일상이 된 소비자들은 맛뿐만 아닌 서비스와 분위기를 중시하며, 정신적 문화적 가치의 중요도가 높아지고 있다. 이러한 소비자의 니즈를 충족시키기 위하여 고급 인테리어와 차별화된 디저트 전략을 가진 프리미엄 외식 브랜드업체가 늘어나고 있으며, 이는 디저트 업계의 변화로 이어지고 있다. 디저트만을 판매하는 전문업체들이 증가하고 있으며, 점점 더 다양화, 전문화되어가고 있다. 소비자들의 기호 또한 세분화되고 있으며, 따라서 디저트 브랜드 업체는 메뉴의 참신함, 감각적이고 트렌드에 맞는 이미지, 개성 있는 제품을 만들어 높은 부가가치를 창출하고 있다.

최근 트렌드가 젊고 트렌디한 감각으로 변화하면서 카페가 복합적인 문화공간으로 거듭난 결과 특히 젊은 여성 세대들은 밥집보다 세련된 카페를 이용하는 횟수가 더 많아 카페에 친숙한 20~30세대 여성들을 겨냥한 다양한 디저트 카페가 늘어나고 있다.

커피나 디저트 등 기호식품이 인기를 끌면서 시장에도 변화가 나타났다. 최근 들어 발 빠르게 성장하는 시장인 만큼 단순한 곁들임 디저트가 아닌, 프리미엄으로서 맛과 품질 수준을 향상시키는 것이 핵심이라고 할 수 있다.

# 5 디저트의 분류

디저트 분류는 크게 과일을 이용한 차가운 앙뜨레메(Entremets aux Fruit Froids), 과일을 이용한 더운 앙뜨레메(Entremets aux Fruit Chauds), 찬 앙뜨레메(Entremets Froids), 더운 앙뜨레메(Entremets

Chauds), 아이스크림 즉 얼린 앙뜨레메(Glaces)로 나눌 수 있다.

## 1) 더운 디저트(Hot Dessert, Entremets Chauds)

더운 디저트는 조리방법에 따라 다음과 같은 조리법이 있다. 즉 오븐에 굽는 법, 더운 물 또는 우유에 삶아내는 법, 기름에 튀겨 내는 법, 팬에 익혀내는 법, 알코올을 이용한 플랑베(Flambees)하는 법 등이 있다.

### ❶ 플랑베(Flambees)

과일을 주재료로 해서 뜨겁게 만들어지는 것을 앙뜨레메라 하는데, 과일에 설탕, 버터, 과일 주스, 리큐르 등으로 조리하는 것이다. 뜨거운 것과 찬 것을 조화시켜 손님 앞에서 직접 만드는 것으로 대부분 럼주를 따뜻하게 데워 그 위에 뿌리면서 프라이팬을 기울여 아래 부분에 대면 불꽃이 올라붙는다. 바나나 플랑베, 피치 플랑베, 파인애플 플랑베, 체리 플랑베 등이 있다.

### ❷ 그라탱(Gratin)

소스나 파이 반죽, 스플레 반죽으로 덮은 재료를 그 표면에 피막이 생길 때까지 오븐에서 구운 뜨거운 디저트를 그라탱이라고 하며, 보통 주재료인 과일을 올려놓고 그 위에 이태리식 소스인 사바용 소스(sabayon Sauce)를 올려 오븐에 구워 낸다. 그 위에 아이스크림 또는 셔벗을 올려 제공되기도 한다. 종류로는 로얄 그라탕, 과일 그라탕 등이 있다.

### ❸ 체리 쥬비리(Cherry Jubilee)

체리를 이용하여 만든 디저트로 설탕, 버터, 체리 주스 ,오렌지 주스, 리큐르 등을 사용하여 고객 앞에서 직접 플랑베 서비스한다. 고객에게 제공될 때는 바닐라 아이스크림과 함께 제공한다.

## 2) 차가운 디저트(Cold Dessert, Entremets Froids)

찬 상태 디저트(cold dessert) 로 푸딩, 무스, 아이스크림, 파르페, 과일, 셔벗, 젤리 등으로 나누어 볼 수 있다.

## ❶ 푸딩(Pudding)

푸딩은 커스터드 푸딩, 라이스 푸딩, 브레드 푸딩, 크리스마스 푸딩 등이 있다. 우유, 달걀, 설탕 등을 이용하며 만든 푸딩은 대부분 오븐에 넣을 때 팬에 물을 넣고 중탕으로 해서 굽는 것이 일반적이며, 구운 푸딩은 따뜻하고 다양한 소스와 함께 먹는다.

## ❷ 무스(Mousse)

무스란 '어떤 액체 위에 생기는 거품, 생크림과 흰자로 만든 디저트 또는 앙트르메'를 무스라고 한다. 즉 무스란 강하게 거품을 올린 머랭과 생크림을 주재료로 하여 거품과 같이 가볍게 부풀어 오른 크림 또는 이러한 크림으로 마무리한 과자로 정의할 수 있다. 무스의 종류에는 초콜릿 무스, 딸기 무스, 메론 무스, 진저 무스, 복숭아 무스, 캐러멜 무스 등이 있다. 무스는 현대 양과자 중에서 가장 기본이 되는 냉과류이다. 기본 방법은 크게 세 가지로 나누어 볼 수 있다. 첫째는 노른자와 설탕을 기본 바탕으로 하는 무스로 우유, 과즙이 주요 수분 재료이며, 양주도 많이 쓰인다. 둘째는 흰자와 크림의 거품을 기본 바탕으로 과일을 필수적으로 사용하는 것이고, 셋째는 초콜릿을 기본 바탕으로 크림, 흰자, 노른자 등의 거품을 섞는 초콜릿 무스가 있다.

## ❸ 젤리(Jelly)

젤리는 일반적으로 설탕 또는 설탕용액에 응고제를 넣고 냉각시켜 굳힌 부드러운 과자를 말한다. 응고제의 종류에 따라 젤라틴 젤리, 펙틴 젤리, 한천 젤리, 와인 젤리, 과일 젤리, 샴페인 젤리 등이 있다.

## ❹ 아이스 수플레(Ice Souffle)

아이스 수플레는 두 가지 형이 있는데, 하나는 크림 앙글레이저와 생크림을 섞어 얼린 것이고 다른 하나는 이탈리안 머랭에 과즙과 생크림을 섞은 것이다.

종류로는 아이스 레몬 수플레, 아이스 오렌지 수플레, 아이스 산딸기 수플레 등이 있다.

## ❺ 파르페(Parfait)

노른자에 시럽을 더하고, 거품 올린 생크림과 양주 등을 섞은 고급 크림 반죽을 틀에 넣어 동결시켜 만든다.

파르페의 종류로는 바닐라 파르페, 초콜릿 파르페, 커피 파르페, 녹차 파르페, 프랄린 파르페 등이 있다.

## 3) 과일 디저트(Fruit Dessert)

최근 고객들이 건강에 대한 관심이 높아지면서 설탕과 유지가 많이 함유된 디저트보다 칼로리가 낮고 유지류가 적게 함유된 디저트를 선호함에 따라 과일은 그 자체만으로도 충분히 매력적인 디저트가 된다. 코스요리가 끝난 후 마지막에 디저트로 제공되는 과일 한 조각은 고객들에게 상쾌한 맛을 느끼게 해준다. 하지만 과일을 조금만 변화시켜 시럽에 조리거나 크림을 바르거나 소스와 함께 제공할 때 고객은 더 만족스러운 디저트를 맛볼 수 있다.

### ❶ 베니네트(Beignets)

영어로 프리터(Fritters)라고 하며 가장 쉽게 표현하면, 과일을 반죽에 싸서 기름에 튀겨내는 것을 앙트르메라고 한다. 고객에게 서비스를 제공할 때 윗면에 슈거파우더를 뿌리고 바닐라 소스를 곁들인다. 많이 사용되는 과일로는 파인애플, 사과, 배. 복숭아 등이 있다.

### ❷ 콩포트(Compote)

콩포트란 간단하게 정의하면 시럽에 익힌 과일을 말한다. 바닐라 빈, 시나몬 같은 향신료와 오렌지 껍질 또는 레몬껍질, 설탕을 넣고 만든 시럽에 과일을 넣고 삶아 식힌 것이다. 콩포트는 디저트로 제공되기도 하고 케이크 속에 다져서 넣거나 타르트 속에 충전물로 사용하기도 하며, 호텔에서는 아침식사, 연회행사에도 제공된다.

### ❸ 마멀레이드(Mamelade)

오렌지나 레몬과 같은 감귤류의 과육과 과피를 설탕에 조려서 만든, 쓴맛과 신맛이 나는 잼의 하나이다. 감귤류 껍질 속의 펙틴질이 점성도를 내는 데 중요한 구실을 하므로, 펙틴의 양이 적을 때는 펙틴 파우더 등을 첨가하기도 한다.

흰 부분을 많이 쓰면 신맛과 쓴맛이 강한 마멀레이드가 되고, 껍질을 많이 사용하면 신맛이나 쓴맛이 적고 단맛이 강하며, 젤리부분의 투명도가 높을수록 좋은 제품이다. 산이 들어 있고 당분이 많기 때문에 오래 보존할 수 있고, 토스트 등에 발라서 먹는 외에, 각종 과자류를 만들 때 부재료로 많이 사용한다.

# 6 프티푸르

프티푸르(Petits Fours)란 불어로 "Petit"는 작다는 것을 의미하며 "Four"는 오븐에서 구운 과자라는 의미를 나타낸다. 일반적으로 이야기하여 한입에 먹을 수 있는 크기의 작은 과자를 말하며, 고기요리의 후식으로 차와 함께 세트로 제공되는 전통적 과자라 할 수 있다. 프티푸르는 프티푸르 세크(Petits Fours Secs)와 프티푸르 그라세(Petit Fours Glaces)로 크게 분류된다.

프티푸르 세크는 건과자로서 슈거도 제품, 머랭 제품류, 퍼프 페이스트리류, 아몬드반죽, 쇼트 페이스트리류, 사블레유 등 대체로 고급 건과자류에 속한다.

프티푸르 그라세는 제노아즈 시트에 잼을 발라 얇게 샌드해서 폰당이나 초콜릿을 코팅하여 프렌치 페이스트리를 만드는 것을 말한다. 슈 페이스트리류, 제노와즈류, 작은 타트렛류 등이 있다. 프티푸르의 종류에는 쇼콜라 슈니덴, 홀란 다이스, 봄베타, 화이트 프티푸르 등이 있다.

# 7 디저트 장식

식사의 마지막을 장식하는 디저트(dessert decoration)는 뛰어난 맛과 예쁘고 화려하게 만들기 위해서 많은 파티쉐가 끊임없이 연구하고 개발하여 많은 변화가 있어 왔다. 대부분의 파티쉐는 디저트 메뉴를 만들 때 균형과 즐거움을 제공하는 매우 중요한 디저트 플레이팅을 하며, 쉐프의 생각이 반영됨과 동시에 식사하는 장소의 특징, 행사의 성격을 종합하여 특징적 인상을 주기도 하며, 창조적 아이디어와 균형, 절제, 조화를 항상 생각해야 한다. 접시 위에서 각각의 요소들이 색깔과 공간이 모두 어울리도록 장식을 결정하고 아름답게 하므로 케이크, 무스 등을 만드는 것과는 전혀 다른 감각과 노력을 요구한다.

디저트 플레이팅은 메인디저트, 장식, 소스가 어울리도록 미리 종이에 스케치를 해보고 진행하면 많은 도움이 된다. 19세기 음식백과사전 집필자 Mrs. Beeton은 만약 식사의 과정에 시(詩)에 있다면 바로 디저트 안에 있다고 말했다고 한다. 간결함 속에 함축된 맛과 아름다움을 접시에 그리라는 뜻이다. 흔히 '디저트는 눈이 먼저 먹는다'는 말이 있다. 고객의 눈에 확 들어와야 한다는 의미이지만, 디저트의 핵심은 맛이 있어야 한다. 맛과 향에서 가장 중요한 것은 재료이다. 최상의 재료는 품질을 높이고 디저트의 가치를 다르게 한다. 좋은 재료를 이용하여 만든 디저트에 장식을 할 때 어디까지 할지는 항상 문제가 된다. 장식이 없다면 허전해 보이고 지나친 장식은 디저트의 맛과 향을 반감시킨다. 경험이 많은 파티쉐는 많은 장식 없이 그 자체만으로도 훌륭한 디저트가 된다는 것을 알기 때문에 심플하게 한다. 때에 따라서는 장식이 단순할 때 더 좋은 디저트가 될 수 있다.

# 8 디저트 플레이팅

디저트 플레이팅(dessert plating)은 디저트를 만들기 전에 이미 어떻게 할 것인가를 생각하고 준비하기 때문에 플레이트를 갖다놓고 두세 번의 교정을 통해서 한 가지 이상의 재료를 접시에 놓는 것이다. 대부분 디저트 플레이트에 놓을 것을 준비해놓고 마지막에 조합을 해서 고객에게 제공한다. 디저트를 완성하기 위해서는 3가지 요소가 있는데, 첫째 주재료(main item), 둘째는 장식(garnish), 마지막으로 소스(sauce)이다.

## 1) 주재료(Main Item)

대부분 디저트에 장식을 하지만 케이크 한 조각, 타르트 하나, 파이 한 조각, 과일 등 그 자체만으로도 디저트가 될 수 있으며, 이것을 디저트 플레이트에 놓고자 할 때는 그 제품에 대한 특성이 있어야 한다. 특유의 풍미가 가득하고, 먹을 때 느끼는 식감이 좋아야 한다. 더운 디저트인지 차가운 디저트인지 입 안에서 확실한 온도 차이를 느껴야 한다. 또한 제품의 컬러도 매우 중요하다. 화려한 색체는 아름답게 보일 수도 있지만 너무 지나치게 강하면 고객들에게 반감을 살 수 있으며, 뭔가 다른 모양의 형태는 고객에게 좋은 호감을 줄 수 있다.

## 2) 장식(Garnish)

디저트 플레이트에 주재료 하나만 놓으면 무엇인가 부족한 느낌이 있기 때문에 한두 가지의 장식물을 놓는다. 중요한 것은 놓는 장식물은 반드시 먹을 수 있어야 하며, 주재료와 조화를 이루어야 한다. 장식을 위해 사용하는 재료는 다음과 같은 것을 이용하여 완성 할 수 있다. 과일, 아이스크림, 셔벗, 초콜릿, 튀일, 설탕공예, 생크림, 작고 예쁜 다양한 쿠키, 생크림, 애플민트, 식용 꽃 등이 그것이다.

### 3) 소스(Sauce)

최근 디저트는 무엇보다도 중요한 코스로 자리 잡고 있다. 디저트의 다양화, 고급화에 따른 맛의 균형 및 색의 조화와 환상적인 맛을 내기 위한 요소로서 소스의 역할은 점점 중요시되고 있다. 디저트용 소스는 디저트의 단맛을 내기 위한 소스이다. 소스를 재료별로 구분하면 크림 소스와 리큐르 소스로 분류할 수 있다. 종류로는 산딸기 소스, 앙그레이즈 소스, 블루베리 소스, 오렌지 소스, 망고 소스 등이 있다. 소스를 만들 때 과일의 단맛, 신맛, 과일 향 등이 그대로 날 수 있도록 해야 하며, 리큐르를 너무 많이 사용하면 과일 특유의 맛과 향이 감소하기 때문에 소량을 사용해야 한다. 최근에는 간편하고 과일의 맛을 그대로 유지하는 다양한 과일 퓌레(fruit puree)를 많이 사용한다. 또한 소스는 따뜻한 소스와 차가운 소스로 나누어진다. 현재의 디저트 코스는 다른 어떤 코스보다 많은 비중을 차지하며, 디저트의 근원인 프랑스에서 메뉴 구성 3단계에 들어갈 정도로 중요한 코스가 되었다. 국내에서도 호텔 등 고급레스토랑에서는 빵류보다 디저트에 더 큰 관심을 가지고 있다.

# 9 디저트에 많이 사용하는 재료

### 1) 설탕(Sugar)

설탕(sugar) 수크로오스(sucrose, 자당)를 주성분으로 하는 감미료이다. 제과·제빵에서 가장 많이 사용하는 이당류로 화학식은 $C_{12}H_{22}O_{11}$이다. 인도에서 처음 만들어졌으며, 원료는 사탕수수나 사탕무로부터 얻어지고, 제법 형태에 따라 함밀당과 분밀당이 있다. 입상형 설탕(granulated sugar)은 현재 가장 많이 사용하는 당류이며, 용도에 따라 다양한 종류의 제품이 생산되고 있다.

## 2) 슈거파우더(Sugar Powder)

그라뉴당이나 흰 쌍백당 같은 고순도의 설탕을 곱게 갈아서 만든 가공당의 하나이며, 분당, 슈거파우더라고 한다. 버터크림, 생크림, 머랭 같은 크림류나 반죽의 재료로 사용한다. 또한 과자의 표면에 뿌리는 것으로 많이 사용한다.

## 3) 버터, 마가린(Butter, Margarine)

### ❶ 버터(Butter)

유제품의 하나. 우유에서 지방을 분리하여 크림을 만들고 이것을 휘저어 엉기게 하여 굳힌 것이다. 버터의 종류에는 젖산균을 넣어 발효시킨 발효 버터(Sour butter), 소금을 첨가하지 않은 무염 버터, 2%의 소금을 넣은 가염 버터, 버터에 식물성 유지를 섞어 만든 컴파운더 버터 등이 있다.

### ❷ 마가린(Margarine)

연 버터의 대용품. 인조버터라고도 한다. 정제한 동물성 지방과 식물성 기름 경화유를 알맞은 비율로 배합하고 유화제, 색소, 향료, 소금물, 발효유 등을 더해 유화시킨 뒤에 버터 상태로 굳힌 지방성 식품이다. 버터와 비교하여 가소성이 좋고 가격이 낮다.

## 4) 달걀

달걀은 껍질, 흰자, 노른자로 구성되어 있다. 비중은 달걀의 크기에 따라서 다르며 껍질 10~12%에 흰자 55~63% 및 노른자 26~33%이다. 달걀의 크기가 클수록 흰자의 비율이 높다. 달걀은 생달걀, 냉동달걀, 분말달걀 등이 있다. 우리나라에서는 보통 생달걀을 많이 사용하고 있다.

## 5) 생크림(Fresh Cream)

우유의 유지방을 분리 농축해 만든 크림으로 제과제빵에 널리 이용한다. 주성분은 유지방이고 종류나 국가에 따라 그 함량이 다르다. 한국에서 생크림은 유지방 18% 이상인 크림을 말한다. 현재 국내에서 생산되어 사용하고 있는 동물성 생크림은 36~38%이다. 생크림은 냉장 보관이 원칙이며 보통 1~5℃에서 보관하며, 생크림으로 안정된 좋은 상태로 공기 포집을 위하여 10℃ 이하에서 작업한다.

## 6) 우유(Milk)

우유는 영양가가 높은 완전식품으로 주성분은 단백질, 지방, 당질, 무기질, 비타민 등 많은 영양소로 구성되어 달걀과 함께 중요한 식품이다. 보통 우유는 우유에 아무것도 넣지 않고 살균, 냉각시킨 후 포장한 것이다. 탈지 우유는 우유에서 지방을 뺀 것이다. 또한 가공우유는 우유에 탈지분유나 비타민을 강화한 것이다.

## 7) 젤라틴(Gelatin)

동물의 연골, 힘줄, 가죽 등을 구성하는 단백질인 콜라겐(Collagen)을 더운물로 처리했을 때 얻게 되는 유도 단백질의 하나다. 응고제로 사용하며 찬물에는 팽윤하나 더운물에는 녹는다. 젤라틴은 가공 형태에 따라 판 젤라틴과 가루 젤라틴이 있으며, 녹일 때는 물에 담가 흡수 팽윤시킨 뒤 사용한다. 팽윤에 필요한 시간은 판 젤라틴이 20~30분, 가루 젤라틴이 5분이고 흡수량은 보통 젤라틴 중량의 10배이므로 물을 충분히 넣어서 덩어리지지 않게 한다. 젤리, 무스 등에 사용한다.

## 8) 식용유(Edible Oil)

식용으로 제공되는 액상유. 용도에 따라 샐러드유(식탁유), 프라이유(튀김 기름), 저장용유(기름 절임용 기름) 등으로, 또 정제의 정도에 따라 샐러드유, 정제유 등으로 구별된다. 유리산이 적고 좋은 향미와 미려한 색광을 가지는 것이 필요하며, 일반적으로는 원유를 탈고무, 탈산, 탈색, 탈취하여 만든다. 투명하고, 산패 경향이 적은 것 등이 바람직하며 그러기 위해서는 기름을 냉각하여 거르거나 산화 방지제를 첨가하는 경우도 있다. 올리브유, 대두유, 면실유, 옥수수기름, 참기름, 유채기름, 땅콩기름 등이 대표적인 것이다.

### 9) 치즈(Cheese)

우유를 원료로 하여 여기에 젖산균 또는 단백질을 응고시켜 만든 제품이다. 즉, 살균된 우유에 젖산균 스타터를 첨가하여 일정 시간이 지나서 적당한 산도에 도달하면 레닌(rennin) 응고효소를 첨가하여 15~90분 후 응고되면 절단하여 유장을 빼내고 다져서 성형한 뒤에 발효시킨 것이다. 치즈는 원재료, 숙성여부, 수분함량 등에 따라 분류된다.

**① 자연치즈(Natural Cheese)**

우유를 젖산균이나 레닌(rennin, 효소)으로 응고시키고 유장을 제거하고 만든 것으로, 치즈를 숙성시키는 미생물·산소·온도·습도에 따라 먹는 시기가 다르다.

**② 가공치즈(Process Cheese)**

자연치즈의 강한 향취를 우리 입맛에 맞도록 가공한 제품이다. 자연치즈 원료에 버터나 분유 같은 유제품을 첨가하여 만들며, 가공치즈는 위생적이며 보존성이 높고 품질이 안정되어 여러 형태의 모양으로 가공되어 있으므로 용도에 맞춰 골라서 사용할 수 있다.

**재료사진**

## 10) 과일(Fruit)

### ❶ 사과(Apple)

장미과의 낙엽고목인 사과나무의 열매. 고대 그리스 로마 사람들이 애용하여 재배종은 곧 유럽으로 전파되었다. 17세기 유럽에서 개량된 사과가 미국으로 전파되어 더욱 개량되었다. 동양의 경우는 중국에서 재배되기 시작하여 능금이라는 이름으로 일본과 한국으로 전해졌다. 사과는 제과에서 가장 많이 사용하는 과일의 하나로 애플파이, 잼, 타르트, 주스, 젤리, 디저트, 프랑스요리 등에 많이 사용한다.

### ❷ 딸기(Strawberry)

장미과에 속하는 다년생 초본식물 또는 그 열매. 유럽 중부가 원산지이며, 우리나라에는 1900년대 초 전래된 것으로 알려져 있다. 온도에 대한 적응성이 강하여 적도 부근의 해안에서 북극 가까운 지역까지 자라고 있다. 잎은 뿌리에서 나오며 잎자루가 길다. 현재 국내에서는 계절과 관계없이 재배되어 1년 내내 구입 가능하므로 제과류, 디저트류 등에 폭넓게 사용되고 있다.

### ❸ 배(Pear)

쌍떡잎식물 장미목 장미과 배나무속 배나무의 열매. 배는 크게 서양배와 중국배, 남방형 동양배로 나뉘며, 모양과 맛이 각각 다르다. 서양배는 미국, 유럽, 칠레, 호주 등지에서 재배하고, 중국배는 중국, 남방형 동양배는 한국과 일본에서 주로 재배한다.

한국에서는 삼한시대부터 배나무를 재배한 기록이 있으며, 한말에는 황실배, 청실배 등의 품종을 널리 재배하였다. 일제강점기에는 장십랑과 만삼길을 재배하였고 새로운 품종인 신고 등이 보급되었다. 제과에서는 디저트류에 주로 많이 사용된다.

### ❹ 수박(Water Melon)

쌍떡잎식물 박목 박과의 덩굴성 한해살이풀. 서과(西瓜)·수과(水瓜)·한과(寒瓜)·시과(時瓜)라고도 한다. 줄기는 길게 자라서 땅 위를 기며 가지가 갈라진다. 아프리카 원산으로 고대 이집트 시대부터 재배되었다고 하며, 각지에 분포된 것은 약 500년 전이라고 한다. 우리나라에는 조선시대 연산군일기(1507)에 수박의 재배에 대한 기록이 나타난 것으로 보아 그 이전에 들어온 것으로 보인다. 주로 과일 디저트에 많이 사용된다.

### ❺ 체리(Cherry)

장미과에 속하는 과수로 유럽서부에서 터키에 걸친 지역을 원산으로 하는 유럽계와, 현재의 중국 부근을 원산으로 하는 동아시아계의 두 계통이 있다. 우리나라에는 조선말 중국, 미국, 유럽으로부터 도입되었다. 체리에는 과실이 단 감미 체리와, 과실의 산미가 강한 산미 체리가 있지만 우리나라에서는 감미 체리가 많다. 과실의 크기는 6~10g 정도의 것이 보통이지만 큰 것이 선호되기 때문에 큰 과실의 재배가 행하여지고 있다. 체리 케이크, 체리 타르트, 체리 무스 등 제과에 많이 사용되고 있다.

### ❻ 복숭아(Peach)

복숭아 나무의 열매. 도자(桃子)라고도 한다. 맛은 달고 신맛이 있고 성질은 따뜻하다. 과육이 흰 백도와 노란 황도로 나뉘는데, 생과일로는 수분이 많고 부드러운 백도를 쓰고, 통조림 등 가공용으로는 단단한 황도를 사용한다. 중국 원산으로 실크로드를 통하여 서양으로 전해졌으며, 17세기에는 아메리카 대륙까지 퍼져 나갔다. 우리나라에서도 예로부터 재배하였으나 상품용으로는 1906년 원예 모범장을 설립한 뒤부터 개량종을 위주로 재배하였다. 전 세계에 약 3,000종의 품종이 있으며 한국에서는 주로 창방조생, 백도, 천홍, 대구보, 백봉 등을 재배한다. 제과용으로 무스나 디저트류에 주로 사용한다.

### ❼ 자두(Plum)

자두는 핵과류 그리고 애두과에 속하는 낙엽활엽의 작은 교목인 자두나무 열매로 생김새는 복숭아와 비슷하나 크기는 약간 작고 신맛이 나는 과일이다.

생식(生食)할 뿐 아니라 잼·젤리의 원료, 통조림, 과실주 등으로도 이용된다. 미국에서는 건과(乾果)로 이용하는 품종을 플럼이라고 하며, 마른자두는 아침식사나 양과자의 장식용으로 사용한다. 제과와 디저트에 많이 사용한다.

### ❽ 오렌지(Orange)

감귤류에 속하는 열매의 하나로 모양이 둥글고 주황빛이며 껍질이 두껍고 즙이 많다.

인도 원산으로서 히말라야를 거쳐 중국으로 전해져 중국 품종이 되었고, 15세기에 포르투갈로 들어가 발렌시아 오렌지로 퍼져 나갔다. 브라질에 전해진 것은 아메리카 대륙으로 퍼져나가 네이블오렌지가 되었다. 오렌지의 종류는 발렌시아오렌지, 네이블오렌지, 블러드오렌지로 나뉜다. 발렌시아 오렌지는 세계에서 가장 많이 재배하는 품종으로 즙이 풍부하여 주스로 가공하고, 네이블오렌지는 캘리포니아에서 재배하는데, 껍질이 얇고 씨가 없으며 밑부분에 배꼽처럼 생긴 꼭지가 있다. 블러드 오렌지는 주로 이탈리아와 에스파냐에서 재배하며 과육이 붉고 독특한 맛과 향이 난다. 감귤류 생산량의 약 70%를 차지하며 세계 최대 생산국은 브라질이다. 그밖에 미국, 중국, 에스파냐, 멕시코 등지에서도 많이 생산한다.

오렌지는 껍질을 벗기고 먹거나 주스를 짜서 먹는다. 마멀레이드, 오렌지 소스, 양과자, 무스 등 제과나 디저트에 많이 사용한다.

### ❾ 멜론(Melon)

쌍떡잎식물 박목 박과의 덩굴성 한해살이 식물. 북아프리카, 중앙아시아 및 인도 등을 원산지로 보고 있으나 중동에서도 야생형을 재배하고 있기 때문에 단정하기가 어렵다. 잎은 어긋나고 자루가 길며 3~7개로 갈라진 손바닥 모양의 잎이고 덩굴손이 잎과 마주난다. 전체에 많은 털이 있다. 열매는 둥글고 과육은 백색, 담녹색 및 황등색 등 다양하며 아이스크림, 셔벗, 주스 등 디저트류에 많이 사용하고 있다.

### ❿ 망고(Mango)

망고 열매는 핵과로서 5~10월에 익으며 넓은 달걀 모양이고 길이 3~25cm, 너비 1.5~10cm인데, 품종마다 차이가 크다. 익으면 노란빛을 띤 녹색이거나 노란색 또는 붉은빛을 띠며 과육은 노란빛이고 즙이 많다. 종자는 1개 들어 있는데, 원기둥꼴의 양 끝이 뾰족한 모양이며 약으로 쓰거나 갈아서 식용한다. 세계에서 가장 많이 재배되고 있는 열대 과수로 말레이반도, 미얀마, 인도 북부 원산이다. 생산량이 세계 5위이며 종류도 상당히 많다. 최근에는 제주도를 비롯하여 우리나라도 애플 망고를 많이 재배하고 있다. 비타민 A가 많으며 카로틴은 푸른잎 야채와 거의 같은 양이 들어 있다. 날로 먹기도 하고 주스, 소스, 샐러드 드레싱, 제과나 디저트에 많이 사용한다. 아프리카, 브라질, 멕시코, 플로리다, 캘리포니아, 하와이, 태국, 베트남 등 열대와 아열대지방에 분포한다.

**과일 사진**

## 11) 향신료(Spice)

향신료는 맛과 향을 내기 위하여 사용한다는 점에서 동일하나, 채취 부위에 따라 스파이스와 허브로 구별할 수 있다. 일반적으로 '허브'라고 하면 식물의 잎 또는 꽃봉오리 등 비교적 부드러운 부분이며, '스파이스(spice)'라 하면 씨 · 줄기 · 껍질 · 과실의 핵 등 비교적 딱딱한 부분으로, 스파이스가 허브에 비해 향이 강하다.

### ❶ 바닐라(Vanilla)

바닐라는 제과에서 가장 많이 사용하는 향신료의 하나로 중앙아메리카가 원산지인 열대성 난초과의 덩굴. 세계 각지에서 자라며 마다가스카르가 주요 생산국이다. 바닐라콩을 끓는 물에 담가 서서히 건조시켜 가공하여 밀폐된 상자나 주석관에 포장하며, 바닐라 크림, 소스, 아이스크림 등 다양하게 사용한다.

### ❷ 계피(Cinnamon)

중국 · 인도네시아 · 인도차이나가 원산지로, 계피는 Cinnamon과 상록수로 건조시킨 나무껍질이다. 축축한 기후조건이 껍질의 취급을 쉽게 해주므로 껍질을 우기 동안 채취한다. 껍질을 나무에서 벗겨낸 것을 '시나몬 스틱'이라고 하는데, 그 기다란 대롱 모양의 스틱이다. 이 외피를 문질러 그 안에 엷은 갈

색 줄무늬 있는 것을 서서히 말리면 되는데, 얇은 것이 우수품종이며, 케이크 시럽, 소스 등에 사용한다.

### ❸ 월계수 잎(Laurel Leaf)

월계수는 상록 관목나무로, 원산지는 지중해 연안 · 이탈리아 · 그리스 · 터키 등이며, 잎사귀를 건조시켜 요리에 사용한다. 길이가 2~4cm 되는 짙은 녹색의 잎이며, 얼얼한 맛과 특이한 향미가 있기 때문에 육류, 소스, 양고기 요리, 케이크 시럽 등 다양하게 사용한다.

### ❹ 아니스(Anise)

원산지가 동양이지만, 멕시코 · 스페인 · 모로코 · 지중해 · 유고 · 터키 등지에 서식해 왔다. 파슬리과의 식물로 45cm까지 자라고, 씨는 단단하고 녹갈색이며, 독특한 향으로 중식요리, 제과, 디저트, 알코올, 음료 등에 사용한다.

### ❺ 넛맥(Nutmeg)

육두구(肉豆簆)로 원산지는 인도네시아의 몰루카 섬이고 서인도제도의 Banda섬과 Papua에서 재배된다. 높이 9~12cm인 열대상록수의 복숭아 비슷한 열매의 핵이나 씨를 사용하며, 미트파이, 푸딩, 치킨, 디저트 등 제과에서 많이 사용한다.

### ❻ 클로버(Clove)

인도네시아가 원산지인 클로버는 정향나무의 봉오리로 되어 있고 잎은 매우 울창하며 월계수와 유사한 잎을 가지고 있다. 정향은 잔가지의 끝에서 약 20개씩 군집을 이루어서 성장한다. 봉오리들이 뻗어 나오기 시작했을 때는 하얀색이고 수확할 무렵에는 붉은색이며 건조시킬 때에는 흑갈색의 못처럼 생겼으며 짙은 향기를 가지고 있다. 정향나무는 산악지대에서만 자라며, 생존하기 위해서는 열대성 기후가 필요하다. 자극적인 향이 있으며 빵, 쿠키, 케이크, 수프 등에 사용한다.

### ❼ 로즈마리(Rosemary)

지중해 연안이 원산지로 솔잎을 닮았으며 은녹색 잎을 가진 키 큰 잡목으로, 이 잎을 말려서 그대로 또는 가루로 만들어 사용한다. 맛은 향기롭고 달콤하다. 로즈마리는 수세기 동안 연인들에 대한 정절의 상징으로 사용되었다. 오늘날 많은 유럽 국가에 있어서 로즈마리는 베개를 채우고 비누, 화장수, 화장품의 향료로써 사용되고 있다.

## 12) 주류(Liquors)

증류주에 과실, 과즙, 약초, 향초 등을 넣고 설탕 같은 감미료와 착색료를 더해 만든 술. 리큐르는 그냥 마시는 것 외에 제과용이나 칵테일용으로 이용되고 있다.

재품의 향기를 돋보이게 하며, 향을 증진시킬 목적으로 사용한다. 리큐르가 지니고 있는 맛과 향 및 특성을 고려하여 각종 크림, 소스, 젤리, 제과제빵 등에 사용한다. 주류는 크게 양조주, 증류주, 혼성주로 구분한다.

### (1) 양조주

양조주(釀造酒)는 과일에 함유되어 있는 과당을 발효시키거나 곡물 중에 함유되어 있는 전분을 당화시켜서 효모의 작용을 통해 1차 발효시켜 만든 알코올성 음료이다.

와인, 맥주, 포도주, 청주, 탁주 등이 있다.

### ❶ 와인(Wine)

영어로는 와인(Wine), 프랑스어로는 뱅(Vin), 독일어로는 바인(Wein)이라고 한다. 생산국에서의 포도주에 대한 법적 정의는 "신선한 포도 또는 포도과즙의 발효제품"으로 되어 있고, 다른 것을 첨가해서 가공한 포도주에 대한 정의는 나라마다 다르나 주세법에서 "과실주" 및 "감미 과실주"로 분류한다. 와인은 화이트 와인, 레드 와인, 로즈 와인, 핑크 와인, 드라이한 맛 와인, 달콤한 맛 와인 등이 있다.

### ❷ 맥주(Beer)

알코올성 음료의 하나로, 맥아를 당화 발효시켜 엿기름가루를 물과 함께 가열하여 당화한 반죽에 호프(hop)를 넣어 끓이고 식혀서 방향과 쓴맛이 있게 한 후에 효모를 넣어 발효시킨 술이다. 탄산가스를 함유하는 것이 특징이다.

## (2) 증류주

양조주를 증류하여 순도 높은 주정을 얻기 위해 1차 발효된 양조주를 다시 증류시켜 알코올 도수를 높인 술이다. 브랜디, 위스키, 럼, 진, 보드카, 테킬라 등이 있다.

### ❶ 브랜디(Brandy)

과실주를 증류하여 얻은 증류주를 오크통에 넣어 오랜 기간 숙성시킨 술이다. '코냑'으로 더 많이 알려져 있는 브랜디는 과일의 발효액을 증류시켜 만든 술이며, 어떤 원료를 사용하는지에 따라 포도브랜디, 사과브랜디, 체리브랜디 등으로 나눈다.

이 중 포도로 만든 브랜디의 질이 가장 좋고 많이 생산되기 때문에 보통 포도브랜디를 가리켜 '브랜디'라고 한다. 브랜디를 대표하는 것이 '코냑(cognac)'과 '아르마냑(armagnac)'이다.

### ❷ 위스키(Whisky)

맥아 및 기타 곡류를 당화 발효시킨 발효주를 증류하여 만든 술이다. 보리, 옥수수, 호밀, 밀 등의 곡물이 원료로 사용되며, 증류 후에는 나무통에 넣어서 숙성시키는 게 일반적이다.

### ❸ 럼(Rum)

당밀이나 사탕수수의 즙을 발효시켜 증류한 술이며, 화이트 럼과 다크 럼이 있다.

생산지나 제조법에 따라 헤비 럼, 미디엄 럼, 라이트 럼 등이 있다.

럼의 감미로운 향기는 양과자에 아주 적합하여 설탕의 단맛과 달걀의 비린내를 완화시켜 준다고 해서 다량의 럼이 제과용으로 사용된다. 또한, 크림이나 럼에 과일을 담그기도 하며, 아이스크림에 사용되기도 한다.

## (3) 혼성주

혼성주(醍造酒)와 증류주(蒸留酒)에다 과실류나 약초 및 향초를 혼합하여 만들며, 적정량의 감미(甘味)와 착색(着色)을 하여 만든다. 다른 술과는 달라서 혼성주는 비교적 강한 주정(酒酊)에 설탕이나 시럽(syrup)이 함유되어 있어야 하고 향기가 있어야 한다.

### ❶ 그랑 마르니에(Grand Marnier)

1827년부터 생산되기 시작한 그랑 마르니에는 숙성한 코냑(cognac)에 오렌지 향을 가미한 40도의 프랑스산 혼성주의 일종으로 오렌지껍질을 증류해서 만든 큐라소(curacao) 계열의 리큐어(liqueur) 중에서도 가장 최고급 제품이다.

### ❷ 큐라소(Curacao)

카리브해의 섬인 큐라소 섬에서 나는 오렌지껍질을 건조하여 만든 리큐르. 오렌지 향이 나며 달콤하면서도 쓴맛이 강하다. 크림이나 아이싱 및 젤리에 향 첨가제로 사용한다.

### ❸ 키르시(Kirsch)

잘 익은 버찌(체리)의 과즙을 발효 증류하여 만든 증류주로, 키르슈바서(Kirschwasser) 라고도 한다. 키르슈는 버찌의 독일어이고, 바서는 물이란 뜻이다.

### ❹ 쿠앵트로(Cointreau)

오렌지껍질을 양질의 중성 알코올에 담가 증류시킨 것으로, 알코올 도수가 40이다. 숙성시키지 않은 채로 상품화하며, 은은한 향과 맛이 강렬한 점이 특징으로 제과에는 풍미를 내기 위한 원료로 사용한다.

### ❺ 트리플 섹(Triple Sec)

큐라소 오렌지로 만들어서 감미가 있고 오렌지 향이 나는 무색투명한 리큐르(liqueur)이다. 그랑 마르니에, 쿠앵트로에 비해서 품질이 낮다.

### ❻ 체리 브랜디(Cherry Brandy)

증류주에 체리를 담가서 발효시켜 증류하여 만든 리큐르이다. 붉은색을 띠며 단맛이 나며 흔히 체리 리큐르(cherry liqueur)를 가리킨다. 키어시 또는 키어시 사워(kirsch sour)라고도 한다.

### ❼ 에프리코트 브랜디(Apricot Brandy)

살구를 원료로 한 황갈색의 리큐르. 살구를 깨뜨려 핵이나 과육과 함께 발효시키고 증류하여 살구 브랜디를 만든다. 이것에 살구의 알코올 침출액이나 설탕 시럽, 여러 가지 향료를 가하여 제조한다.

### ❽ 칼루아(Kahlua)

테킬라, 커피, 설탕을 주성분으로 해서 만들어진 칼루아는 블랙러시안, 롱아일랜드 아이스 티 같은 전통적인 칵테일에서 부드러운 맛으로 장소를 가리지 않고 부담 없이 마실 수 있는 칼루아 콜라에까지 이국적인 맛인 칼루아의 독특한 맛으로 다양한 곳에 사용한다.

### ❾ 민트 리큐어(Mint Liqueur)

민트 리큐어는 스피리츠에 박하를 담구고 그 에센스를 옮겨 따르고, 추출한 민트 오일을 스피리츠에 배합해서 만든다.

### ❿ 크렘 드 카시스(Creme de Casis)

카시스는 커런트의 하나로 열매의 색에 의해서 블랙 커런트(black currant)라고도 한다. 비타민 C를 많이 함유하고 있어 신맛이 강하다.

**디저트에 많이 사용하는 양주와 그 용도**

| 주류명 | 용도 |
| --- | --- |
| 럼 | 사바랭, 버터크림, 드라이과일 전처리, 시럽 |
| 그랑 마르니에 | 크랩쉬제트, 커스터드크림, 초콜릿, 가나슈, 양과자, 디저트류 소스 |
| 쿠앵트로 | 디저트류, 앙트르메, 생크림, 디저트류 소스, 크림류, 초콜릿 |
| 트리플 섹 | 케이크 시럽, 과일 전처리, 무스, 크림류 |
| 브랜디 | 초콜릿류, 무스류, 크레프소스, 사바랭, 과일 플랑베 |
| 큐라소 | 크레프 소스, 사바랭, 과일 플랑베 |
| 꼬냑 | 바바루아, 무스, 크림류, 초콜릿류 |
| 깔루아 | 티라미수, 커피무스, 커피 초콜릿, 커피소스 |

**리큐르 사진**

## 13) 식용 꽃(Edible Flower)

고대 인디언들이 꽃을 식용으로 사용하였다는 것이 기록으로 남아 있으며, 일본의 경우에도 오래 전부터 유채꽃이나 국화 등을 식용으로 이용해 왔다. 그러나 최근에는 관상용 꽃으로 이용되던 것들이 식용으로 사용되고 있어서 꽃이나 눈으로 감상하고 향기를 즐기는 것이라는 일반적인 인식을 깨고 있는 것이다. 아무 꽃이나 다 식용이 되는 것은 아니며, 독성이 있는 꽃이나 농약을 뿌려 키운 꽃은 식용으로 부적합하다. 식용으로 이용되는 꽃에는 좋은 향과 함께 영양분이 다양하게 분포하는 특징이 있다. 최근에는 샐러드나 요리, 디저트에 장식용으로 많이 사용하고 있다.

## 14) 초콜릿 장식물(Chocolate Decoration)

마지막으로 디저트를 빛내 주는 초콜릿 한 조각, 초콜릿 데커레이션은 주로 케이크, 디저트 데커레이션용으로 사용되는 초콜릿 장식물들로 다크초콜릿, 밀크초콜릿, 화이트초콜릿으로 만들 수 있다. 초콜릿 장식물을 만들기 위해서는 템퍼링(tempering)이라고 하는 온도 조절 작업을 거쳐야 한다.

**초콜릿별 템퍼링 온도**

| 초콜릿 종류/온도 | 1차 온도 | 2차 온도 | 3차 온도 |
|---|---|---|---|
| 다크초콜릿 | 48~50℃ | 27~28℃ | 31~32℃ |
| 밀크초콜릿 | 45~48℃ | 26~27℃ | 29~30℃ |
| 화이트초콜릿 | 40~45℃ | 25~26℃ | 28~29℃ |

템퍼링하는 방법은 크게 세 가지로 나뉜다. 대리석법, 수냉법, 전자레인지법이 있으며, 템퍼링 방법을 결정할 때는 작업 환경이나 초콜릿의 양, 작업시간 등을 고려하여 적절한 방법을 선택한다. 처음에는 온도를 올려 완전히 용해시켜 준 다음 서서히 초콜릿에 맞게 온도를 떨어뜨려야 하며, 사용 시에는 마지막 온도로 가온하여 사용한다. 어느 정도 숙련이 필요한 기술로 많은 연습을 통해 익힌다.

## 초콜릿 장식물

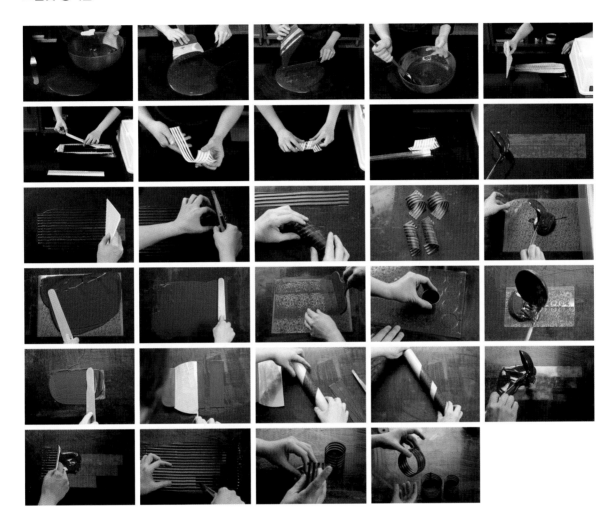

## 15) 설탕 공예(Sugar Craft)

설탕 공예란 설탕을 이용하여 다양한 방법으로 여러 가지 꽃들과 동물, 과일, 카드 등의 장식물들을 만드는 기술이다. 설탕 특유의 폭넓은 가변성과 보존성으로 창조적인 표현이 가능하며, 응용분야가 넓다. 주로 케이크 장식에 사용되지만 요즘은 디저트 가니쉬로 주목받는 경향도 보인다. 일반적으로 케이크, 디저트 장식에 널리 사용되면서 설탕 공예가 발달했고, 현재는 테이블 세팅, 액자, 집안을 꾸미는 소품 등 다양하게 활용되고 있다.

**설탕 장식물**

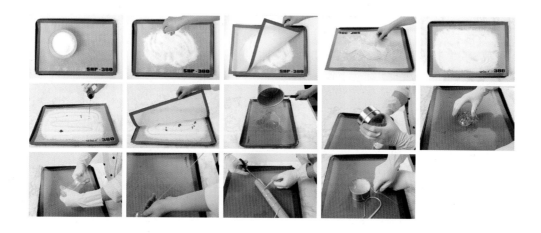

## 16) 디저트 소스(Dessert Sauce)

### (1) 바닐라 소스(Vanilla Sauce)

바닐라 소스는 디저트에 가장 많이 사용하는 소스의 하나로 보아도 될 정도로 다양하게 응용되고 있다. 만드는 법은 간단하고 기초적인 소스로 당도나 맛, 농도에 신경 써야 후식이 돋보인다. 그리고 바닐라 소스 위에 다른 소스로 뿌려서 데커레이션을 많이 하는데, 이는 모든 후식에 잘 어울리기 때문이다. 특히 우리가 즐겨 먹는 아이스크림에 주로 많이 사용한다. 대부분의 디저트는 바닐라를 기본 향으로 하고 다른 과일 향을 첨가해서 만든다.

**바닐라 소스 재료**

우유 ·························· 380㎖
설탕 ·························· 55g
달걀노른자 ················ 2개
바닐라 스틱 ················ 1개

**만드는 법**

① 우유에 반으로 갈라 긁은 바닐라 빈을 넣고 불에 올려 끓기 직전까지 데운다.

② 큰 자루냄비에 노른자와 설탕을 넣고 거품기로 섞어 크림농도가 되게 젓는다(2~3분).

③ ②에 따뜻한 우유의 반을 부어주며 빠르게 섞은 뒤 다시 우유 냄비에 붓고 불에 올린다.

④ 나무주걱으로 저으며 85~90도의 온도가 될 때까지 익혀 농도가 되면 내려서 빨리 얼음물 위에 올리고 저어주며 식힌다.

⑤ 가능하면 식은 뒤 바로 냉장고에 넣어야 하며, 빠른 시간 내에 사용하는 것이 좋다.

## (2) 초콜릿 소스(Chocolate Sauce)

중남미의 아즈텍 제국을 멸망시킨 코르데스가 스페인에 가져와서 크게 유행하게 된 것으로 아즈텍 제국에서는 카카오 열매를 태양에 건조시켜 맷돌로 갈아서 열탕에 녹여 쓴맛을 제거하고 향신료를 넣어서 마셨다. 재료로는 코코아 가루, 버터, 물, 설탕, 바닐라를 이용해서 팬에 물을 넣고 설탕을 부어 끓여서 설탕시럽을 만들고, 코코아 가루에 녹인 버터를 넣어 혼합시킨다. 시럽을 코코아 버터에 조금씩 넣으면서 저어준 다음 얼음물에 차게 하여 바닐라 향이나 럼, 시나몬 가루 등을 넣어 맛을 조절한다. 혼합시킬 때는 천천히 넣어야 광택이 나며 매끄러운 소스가 된다.

## 초콜릿 소스 재료

설탕 ······················280g
물엿 ······················112g
물 ··························600g
코코아파우더 ···········112g
다크초콜릿 ··············280g

## 만드는 법

① 설탕, 물, 물엿을 넣고 끓인다.

② 끓는 물에 코코아를 넣고 끓여준다.

③ 초콜릿을 넣고 끓으면 불에서 내린다.

## (3) 오렌지 소스(Orange Sauce)

오렌지 과육 즙을 내어 소스로 사용하거나 즙과 설탕을 캐러멜 색을 내어 같이 섞어서 오리고기에 곁들이는 소스로 이용한다.

## 오렌지 소스 재료

오렌지즙 ················1000ml
설탕 ······················170g
옥수수 전분 ··············20g
그랑 마르니에 ··········50ml
레몬 ·························1개

## 만드는 법

① 오렌지는 즙을 내서 준비한다.

② 설탕, 옥수수 전분과 300ml의 오렌지 주스를 끓여 설탕이 녹으면 불에서 내린다.

③ 나머지 700ml의 오렌지 주스를 넣고 끓여서 식힌 다음 고운체에 내려 그랑 마르니에와 레몬 즙을 섞어서 차게 보관하여 사용한다.

## (4) 사바용 소스(Sabayon Sauce)

사바용 소스는 후식의 색을 내는 데 자주 이용된다. 주재료가 달걀노른자와 설탕이므로 과일 그라

탕, 푸딩 등 디저트에 주로 많이 사용되며, 중탕하면서 노른자를 약하게 익히는 것이 중요하다.

| 사바용 소스 재료 | 만드는 법 |
|---|---|
| 달걀노른자·················100g<br>설탕··························60g<br>화이트 와인················30ml<br>바닐라 에센스·············2ml | ❶ 중탕으로 올린 큰 그릇(bowl)에 노른자와 설탕을 넣고 거품기로 빠르게 섞어 크림 농도가 되게 한다.<br>❷ 여기에 와인을 넣고 계속 휘저어서 부드럽고 걸쭉한 농도가 되게 하여 국자로 떠올렸을 때 리본 모양으로 떨어지면 바닐라 에센스를 몇 방울 첨가하여 섞고 완성한다.<br><br>※ 사바용 소스는 원하는 향과 주재료의 조합에 따라 생크림, 샴페인, 리큐르, 과즙 등 다양하게 응용하여 사용할 수 있다. |

## (5) 멜바 소스(Melba Sauce)

멜바 소스는 에스코피에가 만든 소스로 유명한 가수 이름이다. 멜바 소스의 유래는 손님이 아이스크림을 주문했는데, 양이 부족하여 복숭아를 아이스크림 옆에 장식하고 그 위에 딸기 소스를 곁들이면서 유명해진 디저트이다.

## 멜바 소스 재료

산딸기 퓌레 ······················400g
설탕 ····························· 150g
레몬 ····························· 1ea
물 ······························· 18g
전분 ····························· 4g

## 만드는 법

❶ 산딸기 퓌레에 설탕을 넣고 끓인다.

❷ 물에 전분을 섞어서 저어면서 조금씩 부어준다.

❸ 식혀 고운체에 내려서 냉장 보관하여 사용한다.

## (6) 캐러멜 소스(Caramel Sauce)

달콤한 향으로 과일이나 빵과 함께 먹게 되는 캐러멜 소스는 풍미가 좋고 달콤하다.

## 캐러멜 소스 재료

**주재료**
설탕 ····························· 45g
물엿 ····························· 30g
생크림 ···························· 75g

생크림 → 물(생크림 대신 물을
넣으면 부드러운 맛이 덜한 캐러
멜소스가 된다.)

## 만드는 법

❶ 냄비에 물엿과 설탕을 넣고 끓인다. (젓지 않고 그대로 끓인다.)

❷ 가장자리가 끓어오르면 약한 불로 줄여 갈색이 될 때까지 끓인다.

❸ 불을 끄고 생크림을 조금씩 부어가며 주걱으로 섞는다.

❹ 약한 불에서 살짝 끓인다.

## (7) 디저트 소스를 만들 때 주의할 점

• 차가운 온도에서는 소스 표면이 공기와 접촉하여 막이 생겨 습기를 막으므로 계속 저어주어야
  한다.

- 사바용 소스(sabayon sauce)는 소화가 잘되는 홀랜다이즈(hollandaise)를 만드는 것과 마찬가지 인데, 달걀 살균시키는 온도 등이 중요하다.
- 소스에 지나치게 많은 알코올을 넣어도 안 되며 시간이 많이 지나면 향기가 없어진다.

## 17) 디저트에 사용하는 기본적인 크림

### (1) 커스터드 크림(Custard Cream)

제과제빵에서 가장 많이 사용하는 기본적인 크림의 하나로, 주된 재료는 우유, 노른자, 설탕, 밀 가루 또는 전분 등이고 그 외에 버터, 생크림 등이 쓰이며 풍미제로는 양주류, 바닐라 향 등을 쓰는 것이 일반적이다. 크림 만드는 방법은 노른자와 설탕을 균일하게 혼합한 다음 밀가루 또는 전분을 첨가한다. 우유는 미리 끓기 직전까지 가열하여 놓는다. 바닐라 빈을 사용할 경우 처음부터 우유와 같이 넣는다. 덩어리가 지지 않도록 하며, 버터나 리큐르를 사용한다. 크림을 식힐 때에는 표면에 막 이 생기기 때문에 주의한다.

| 준비 재료 | |
| --- | --- |
| 우유 | 1000g |
| 설탕 | 130g |
| 노른자 | 240g |
| 박력 | 40g |
| 옥수수 전분 | 50g |
| 바닐라 빈 | 1ea |
| 버터 | 20g |

**만드는 법**

1. 우유에 바닐라 빈을 넣고 끓기 직전까지 데운다.
2. 설탕에 노른자를 섞고 체 친 박력분, 전분을 넣어서 섞는다.
3. 데운 우유를 ②와 섞은 후에 다시 불 위에서 호화시킨다.
4. 불에서 내려 버터를 섞어준다.
5. 식으면 냉장고에 넣어 보관한다.
6. 리큐르는 크림 사용 시 넣는 것이 좋다.

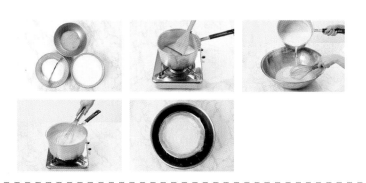

## (2) 버터 크림(Butter Cream)

버터, 설탕, 노른자 또는 흰자를 넣어 만든 크림으로 버터, 마가린, 쇼트닝 같은 고형지방에 설탕을 넣고 거품을 일으켜 크림상태로 만든 것으로 빵이나 케이크 디저트 등에 사용하며, 풍미와 맛을 높이기 위해서 리큐르, 럼, 초콜릿, 커피 등 다양한 재료를 섞어서 사용한다.

일반적으로 제조법은 설탕을 물에 넣고 가열하여 용해시킨 후 107℃ 정도로 농축시킨 다음 냉각시킨다. 이때 설탕의 결정체가 생기는 것을 방지하기 위해 물엿을 섞기도 한다. 고체 지방은 믹서로 섞어 크림상태로 거품을 올린 후, 냉각시킨 설탕시럽을 조금씩 흘려 넣으면서 계속 젓는다. 마지막에 향료와 양주를 첨가하여 매끈한 크림을 만든다.

| 준비 재료 | 만드는 법 |
|---|---|
| 설탕 ·································· 250g<br>물 ·································· 80g<br>흰자 ·································· 120g<br>버터 ·································· 550g<br>바닐라 향 ·································· 소량 | ❶ 냄비에 물과 설탕을 넣고 끓인다.<br>❷ 끓기 시작하면 흰자 거품을 올린다.<br>❸ 시럽이 118℃ 되면 흰자를 저어주면서 부어준다.<br>❹ 식으면 버터를 넣고 매끈하도록 저어준다.<br>❺ 바닐라 향을 넣고 저어준다. |

## (3) 아몬드 크림(Almond Cream)

구워서 먹는 크림의 하나로 타르트의 충전물이나 빵 위에 올리는 토핑으로 쓰인다.

아몬드 크림은 만들어서 그대로는 먹지 않으며, 오븐에서 구워 아몬드의 고소함이 느껴지도록 한다. 아몬드 분말 외에 누아제틴 분말을 추가하면 조금 더 고소한 맛이 난다.

프랑스 제과에서는 기본이라고 할 수 있으며, 다양하게 사용되고 있다.

| 준비 재료 | 만드는 법 |
|---|---|

**준비 재료**

버터 ·························· 120g
설탕 ·························· 120g
달걀 ·························· 120g
아몬드 분말 ················· 130g
럼주 ··························· 20g
박력분 ························· 10g

**만드는 법**

❶ 버터를 부드럽게 풀어 준 후에 설탕을 넣고 크림화한다.

❷ 달걀을 조금씩 넣으면서 크림화한다.

❸ 체질한 아몬드 분말, 박력분을 넣고 럼주를 섞어 마무리하면 완성된다.

## (4) 가나슈(Ganache)

초콜릿 크림의 하나로 끓인 생크림에 초콜릿을 섞어 만든다. 기본 배합은 1 : 1이지만 6 : 4 정도의 부드러운 가나슈도 많이 사용된다. 동물성 생크림과 초콜릿의 기본재료만으로 만든 가나슈에 바닐라 향을 낸 것이 가나슈 바니유(Ganache vanille)이고, 노른자를 더해 풍미를 낸 것이 가나슈 오죄(Ganache auxoeufs), 화이트초콜릿을 쓴 것이 가나슈 블랑슈(Ganache blanche), 캐러멜을 첨가한 것이 가나슈 캐러멜이다. 다양한 리큐르와 커피 등을 첨가하여 케이크, 디저트에 많이 사용한다. 좋은 가나슈는 초콜릿의 향미를 강하게 해주며, 깔끔한 뒷맛을 전달한다.

## 준비 재료

동물성 생크림 ················200g
초콜릿 ··················200g

## 만드는 법

① 생크림을 끓인다.

② 불에서 내려 준비된 초콜릿에 넣고 천천히 섞어준다.

③ 리큐르 등 다양한 것을 넣고 맛을 낼 수 있다.

## 디저트 만드는데 필요한 소도구류

memo

# Part 2

# 실기

# 달콤한 디저트

츄러스 ·················································· 77

바나나 프리터 ····································· 79

사과 빠스 ·········································· 81

망고 컵 케이크 ··································· 83

레몬 컵 케이크 ··································· 85

딸기 밀푀유 ········································ 87

딸기 마카롱 ········································ 91

딸기 로마노프 ····································· 95

산딸기 무스 ········································ 97

딸기 롤 ············································· 101

딸기 에클레르 ···································· 105

딸기 바스킷 ······································· 109

레밍턴 ·············································· 111

초콜릿 브라우니 ································· 115

초콜릿 비스킷 슈 ······························ 119

프랑부아즈 슈트로이젤 쇼콜라 ··········· 123

레드벨벳 프로마쥬 ···························· 127

수플레 치즈케이크 ···························· 129

오렌지 아망딘 ···································· 131

파인애플 캐러멜 ································· 133

아몬드 튀일 레이어 ··························· 135

트라이플 ··········································· 137

뉴욕치즈케이크 ································· 141

에그 타르트 ······································· 143

과일 파블로바 ···································· 147

녹차오페라 ········································ 151

사바랭 ·············································· 155

고구마 몽블랑 ···································· 157

일 플로탕트 ······································· 159

캐러멜 머랭 수플레 ··························· 163

당근 케이크 오렌지 소스 ··················· 165

바클라바 ··········································· 169

파리 브레스트 ···································· 173

# 츄러스

Churros

## 츄러스 재료

| | |
|---|---|
| 우유 | 250g |
| 소금 | 2g |
| 버터 | 40g |
| 박력분 | 100g |
| 달걀 | 2개 |

## 만드는 과정

**1.** 냄비에 우유, 버터, 소금을 넣고 끓여준다.

**2.** 끓어오르면 체 친 박력분을 넣고 주걱으로 3~5분간 충분히 저어준다.
(밀가루가 충분히 익어야 한다.)

**3.** 불에서 내려 달걀을 나누어 넣으면서 계속 저어준다.

**4.** 짤주머니에 별모양 깍지를 끼우고 반죽을 담아서 예열된 기름에 반죽을 길게 짜준다.

**5.** 튀긴 후 적당한 크기로 자른 다음 설탕을 묻힌다.

# 바나나 프리터
Banana Fritters

## 바나나 프리터 재료

만두피 ····················· 10장
바나나 ····················· 2개
황설탕 ····················· 100g
박력분 ····················· 100g
우유 ······················· 100g
슈거파우더 ··············· 적당량

## 만드는 과정

**1.** 박력분 체 친 후 우유를 섞어 반죽한다.

**2.** 바나나를 자른다.

**3.** 자른 바나나를 황설탕에 굴려준다.

**4.** 만두피에 반죽을 조금 바르고 바나나를 올려서 말아준다.

**5.** 적정한 기름온도에 넣고 갈색이 나도록 튀긴다.

**6.** 접시에 놓고 슈거파우더를 뿌려준다.

# 사과 빠스

Apple Ppaseu

## 사과 빠스 재료

|  |  |
|---|---|
| 사과 | 1개 |
| 흰자 | 1개 |
| 전분 | 100g |
| 박력분 | 100g |
| 설탕 | 400g |
| 버터 | 50g |
| 식용유 | 적당량 |

## 만드는 과정

**1.** 사과를 껍질을 벗기고 8등분으로 자른다.

**2.** 사과를 흰자에 넣고 섞어준 다음 가루를 묻힌다.

**3.** 물에 가루 묻힌 사과를 넣었다가 빼서 다시 가루를 묻힌다. (2회 반복한다.)

**4.** 적정한 기름온도에 살짝 튀겨준다.

**5.** 설탕을 약한 불 위에 올려 녹인다.

**6.** 튀긴 사과를 설탕에 넣고 섞은 다음 얼음물에 넣었다가 건져낸다.

**7.** 녹인 버터를 살짝 바른다.

# 망고 컵 케이크
## Mango Cup Cake

### 망고 컵 케이크 재료

| | |
|---|---|
| 버터 | 200g |
| 설탕 | 250g |
| 달걀 | 3개 |
| 박력분 | 350g |
| 베이킹파우더 | 10g |
| 망고퓌레 | 150g |
| 생크림 | 300g |

### 만드는 과정

**1.** 설탕, 버터를 부드럽게 해준다.

**2.** 달걀을 한 개씩 넣으면서 저어준다.

**3.** 밀가루와 베이킹파우더를 체 쳐서 넣고 반죽한다.

**4.** 망고퓌레를 넣고 섞는다.

**5.** 머핀 틀에 85% 정도 짜준다.

**6.** 오븐온도 180~185℃에서 25~30분간 굽는다.

**7.** 생크림을 휘핑하여 다양한 모양으로 크림을 짜준다.

# 레몬 컵 케이크

Lemon Cup Cake

## 레몬 컵 케이크 재료

| | |
|---|---|
| 박력분 | 200g |
| 설탕 | 200g |
| 버터 | 150g |
| 달걀 | 4개 |
| 노른자 | 2개 |
| 레몬 | 1개 |
| 크림치즈 | 60g |
| 베이킹파우더 | 8g |
| 생크림 | 300g |

## 만드는 과정

**1.** 달걀에 설탕을 넣고 거품을 올린다.

**2.** 레몬껍질을 벗겨 다진다. 레몬주스를 같이 사용한다.

**3.** 버터와 크림치즈를 섞어 부드럽게 해준다.

**4.** 레몬 제스트와 즙을 ③에 넣고 섞어준다.

**5.** 밀가루와 베이킹파우더를 체 쳐서 ①에 넣고 반죽한다.

**6.** ③을 ⑤에 넣고 반죽한다.

**7.** 짤주머니에 반죽을 담아서 몰드에 85% 채운다.

**8.** 오븐온도 182~185℃에서 20~25분간 굽는다.

**9.** 생크림을 휘핑하여 다양하게 짜준다.

# 딸기 밀푀유

Strawberry Mille-Feuilles

## 퍼프 페이스트리 재료

강력분 ·····················400g
달걀 ··························· 60g
버터 ··························· 30g
소금 ····························· 2g
찬물 ··························200g
충전용 버터 ··············350g

## 만드는 과정

**1.** 충전용 버터를 제외한 모든 재료를 넣고 반죽한다.

**2.** 반죽을 비닐로 싸서 냉장고에 2~3시간 휴지시킨다.

**3.** 휴지시킨 반죽 위에 충전용 버터를 올리고 반죽으로 싸준다.

**4.** 반죽을 일정한 두께의 직사각형으로 밀어 펴고 3겹 접기를 4회 실시한다. 매회 접기 후 냉장고에서 휴지한다.

　※ 밀어펴기할 때 모서리는 직각이 되도록 하고 덧가루는 붓으로 털어 표피가 딱딱해지는 것을 방지한다.

**5.** 두께 0.5~0.8cm로 반죽을 직사각형으로 밀어 편다.

**6.** 휴지시킨 다음 포크로 자국을 낸다.

**7.** 오븐온도 200℃에서 10~13분 색깔이 연하게 날 때까지 굽는다.

**8.** 색깔이 나면 오븐에서 꺼내어 슈거파우더를 고르게 뿌려준다.

**9.** 다시 오븐에 넣어서 슈거파우더가 녹아 캐러멜화되어 갈색이 나면 꺼낸다.

**10.** 그릴 망 위에 올려서 식힌 다음 원하는 크기로 자른다.(4×10cm)

**11.** 짤주머니에 원형 모양 깍지를 끼워서 밀푀유 크림을 담아서 짜준다.

# 딸기 밀푀유
Strawberry Mille-Feuilles

## 밀페유 크림 만드는 과정

| | |
|---|---|
| 커스터드 크림 | 816g |
| 마스카포네 치즈 | 250g |
| 생크림 | 250g |

## 커스터드 크림 재료

| | |
|---|---|
| 우유 | 540g |
| 설탕 | 108g |
| 전분 | 50g |
| 젤라틴 | 8g |
| 노른자 | 110g |
| 바닐라 빈 | 1개 |

## 커스터드 크림 만드는 과정

**1.** 바닐라 빈을 반으로 갈라서 씨를 긁어서 넣고 껍질도 같이 우유에 넣어서 뜨겁게 데운다.

**2.** 노른자, 설탕, 전분을 섞어 놓는다.

**3.** 데운 우유를 노른자 넣고 저어준다.

**4.** 불 위에 올리고 끓을 때까지 저어서 크림상태가 되도록 한다.

**5.** 차가운 물에 불린 젤라틴을 넣고 섞어준다.

**6.** 버터를 넣고 저어준다.

**7.** 크림의 온도를 식힌다.

**8.** 크림과 마스카포네 치즈를 섞는다.

**9.** 생크림을 휘핑하여 섞어준다.

### 밀푀유(Mille-Feuilles)

밀푀유란 프랑스어로 "천 겹(thousand sheets)" 또는 "천 개의 이파리(thousand leaves)"라는 뜻이다. 얇게 구운 퍼프페이스트리 사이에 크렘 파티시에르(커스터드 크림이나 잼) 등 달콤한 필링(filling)을 번갈아 가며 포개 넣어 만들고 윗면에 퐁당 초콜릿 등 다양하게 한다.

memo

# 딸기 마카롱
## Strawberry Macaroon

**딸기 마카롱 재료**

설탕 ·······················250g
물 ··························100g
흰자 ·······················100g

**반죽**

슈거파우더 ··············250g
아몬드파우더 ···········250g
흰자 ·······················100g

**이탈리안 머랭 만드는 과정**

**1.** 냄비에 물 100g 설탕 200g을 끓여 118℃까지 조린다.

**2.** 흰자 거품에 설탕 50g을 넣고 머랭을 만든다.

**3.** 조린 시럽을 머랭에 천천히 부어준다.

**반죽 만드는 과정**

**1.** 슈거파우더와 아몬드파우더를 체 친다.

**2.** 흰자를 넣으면서 저어준다.

**3.** 반죽에 이탈리안 머랭을 2~3회 나누어 넣으면서 섞어준다.

**4.** 내추럴믹서 딸기를 넣고 딸기색깔을 낸다.

**5.** 지름 1.3~1.5cm 원형 모양 깍지를 짤주머니에 끼우고 반죽을 담는다.

**6.** 팬에 실리콘 패드를 깔고 지름 4.6cm 크기로 짜준다.

**7.** 실온에서 20~30분 건조시킨 후 오븐온도 120~130℃에서 12~13분간 굽는다.

**8.** 식힌 후 같은 크기로 맞추어 가나슈 크림을 넣고 샌드한다.

# 딸기 마카롱

Strawberry Macaroon

**딸기 가나슈 크림 재료**

화이트초콜릿 ················· 150g
딸기퓌레 ····················· 30g
생크림 ······················ 120g
내추럴믹서 딸기 ·············· 소량

**만드는 과정**

**1.** 냄비에 생크림 딸기 퓌레를 끓인다.

**2.** 볼에 화이트초콜릿을 준비하여 끓인 생크림을 넣고 잠시 후 실리콘 주걱으로 저어준다.

**3.** 내추럴믹서 딸기를 첨가하여 색깔과 딸기 맛과 향을 낸다.

**마카롱(Macaroon)**

프티푸르 세크의 하나로 작고 동그란 모양의 형태이며, 흰자와 설탕으로 머랭(meringue)을 만든 다음 아몬드파우더, 슈거파우더 등을 넣고 만든 과자의 일종이다. 프랑스 낭시(Nancy)지방의 마카롱이 가장 유명하다. 독일어로는 마크 로네라고 한다. 크러스트(crust) 사이에 과일을 이용한 잼, 초콜릿으로 만든 가나슈, 버터크림 등 다양한 필링(filling)을 채워서 샌드위치처럼 만들며, 껍질이 매끈하고 바삭한 크러스트, 부드럽고 촉촉한 속, 달콤한 필링(filling)의 삼단 구조가 빚어내는 독특한 식감, 맛, 향, 다양한 고운 빛깔이 특징이다.

memo

# 딸기 로마노프

Strawberry Romanoff

## 딸기 로마노프 재료

딸기 ······························300g
슈거파우더 ······················ 30g
그랑 마르니에 ··················20g
동물성 생크림 ··············200g
설탕 ·····························20g

## 만드는 과정

**1.** 딸기를 깨끗하게 씻는다.

**2.** 딸기에 슈거파우더를 뿌린다.

**3.** 그랑 마르니에를 넣고 섞어준다.

**4.** 글라스에 생크림을 휘핑하여 조금 넣는다.

**5.** 글라스에 딸기를 예쁘게 넣는다.

**6.** 생크림을 휘핑하여 조금 짠다.

**7.** 딸기를 채운다.

**8.** 휘핑한 생크림을 짜고 데코레이션한다.

# 산딸기 무스
Strawberry Mousse

## 산딸기 무스 재료

| | |
|---|---|
| 산딸기 퓌레 | 300g |
| 젤라틴 | 6g |
| 생크림 | 200g |
| 이탈리안 머랭 | 200g |
| 딸기 리큐르 | 10g |

## 이탈리안 머랭

| | |
|---|---|
| 설탕 | 180g |
| 물 | 70g |
| 흰자 | 90g |

## 산딸기 글라사주

| | |
|---|---|
| 나파주 | 70g |
| 산딸기 퓌레 | 150g |
| 물 | 150g |
| 설탕 | 20g |

## 만드는 법

**1.** 산딸기 퓌레를 데운다.

**2.** 찬물에 불린 젤라틴을 넣고 섞어준다.

**3.** 퓌레가 식으면 생크림을 80% 휘핑을 하여 2~3회 나누어서 가볍게 섞어준다.

**4.** 이탈리안 머랭 식혀서 2회 나누어 가볍게 섞는다.

**5.** 딸기 리큐르를 넣고 가볍게 섞어준다. (제품의 색깔을 강하게 내고자 할 때는 산딸기 내추럴믹서를 조금 첨가한다.)

**6.** 준비된 몰드나 글라스에 산딸기를 3~5개 넣고 반죽을 채운다.

**7.** 산딸기 글라사주를 만들어 코팅하거나 글라스 윗면에 조금 올린다.

# 산딸기 무스
Strawberry Mousse

이탈리안 머랭 만드는 과정

**1.** 냄비에 물 70g, 설탕 150g을 끓여 118℃까지 조린다.

**2.** 흰자 거품에 설탕 30g을 넣고 머랭을 만든다.

**3.** 조린 시럽을 머랭에 천천히 부어준다.

산딸기 글라사주 만드는 과정

**1.** 전 재료를 넣고 끓인 다음 고운체에 걸러서 사용한다.

무스(Mousse)

거품상태의 가벼운 과자. 과일, 초콜릿 등 부드러운 퓌레상태로 만든 재료에 거품을 올린 생크림 또는 흰자를 첨가해 가볍게 부풀린 과자. 원래 무스란 '거품을 뜻하는 프랑스어이다. 완성된 무스는 표면이 마르기 쉬우므로 젤리나 글라사주를 씌운다. 흔히 무스를 가리켜 미루아르(miroir, 거울)라고도 하는데 그 이유는 무스 윗면에 젤리나 글라사주의 광택이 얼굴을 비출 정도이기 때문이다. 무스의 종류는 과일에 따라서 매우 다양하며, 커피 무스, 녹차 무스, 초콜릿 무스 등이 있다.

memo

# 딸기 롤

## Strawberry Roll

### 딸기 롤 스펀지 재료

| | |
|---|---|
| 달걀 | 660g |
| 설탕 | 312g |
| 물엿 | 50g |
| 박력분 | 290g |
| 우유 | 100g |
| 버터 | 90g |

### 만드는 과정

**1.** 달걀, 설탕, 물엿을 넣고 중탕하여 설탕 입자를 녹여 준다.

**2.** 설탕이 다 녹으면 믹서로 거품을 올려 준다.

**3.** 박력분 체 친 후에 넣고 반죽한다.

**4.** 우유와 버터를 같이 녹여서 넣고 가볍게 섞어준다.

**5.** 팬에 팬닝하여 오븐온도 200℃/160℃에서 10~12분간 굽는다.

**6.** 준비된 케이크 시럽을 바른 다음 치즈크림을 바르고 딸기를 넣어서 말아 준다.

# 딸기 롤
Strawberry Roll

## 치즈크림 재료

크림치즈 ······················ 225g
슈거파우더 ···················· 50g
레몬주스 ······················ 10g
동물성 생크림 ················· 200g
버터 ························· 50g

## 만드는 과정

**1.** 포마드 상태의 크림치즈에 버터, 슈거파우더를 넣고 부드럽게 해준다.

**2.** 레몬주스를 넣고 저어준다.

**3.** 생크림을 휘핑하여 섞어준다.

## 케이크 시럽 재료

물 ························· 1000ml
설탕 ························ 400g
레몬 ·························· 1개
월계수 잎 ····················· 1장

## 만드는 과정

**1.** 냄비에 물, 설탕, 월계수 잎 1장을 넣는다.

**2.** 레몬은 껍질을 벗겨서 반으로 자른 다음 껍질과 함께 넣고 끓인다.

**3.** 시럽은 식혀서 냉장고에 두고 사용한다.

**4.** 시럽 사용 시 만드는 제품에 맞게 적정한 리큐르를 넣어서 사용하면 제품의 맛과 향을 개선시켜 품질을 높인다.

## 케이크 시럽(Cake Syrup)

케이크 시럽은 맛있는 케이크를 만드는 데 없어서는 안 되는 중요한 재료이다. 케이크에 시럽을 바르면 촉촉함은 물론 크림에 있는 수분도 유지할 수 있으며, 프랑스에서는 케이크류에 시럽을 듬뿍 발라 단맛을 끌어올리는 편이지만, 우리나라에서는 그보다는 적당량을 발라 달콤한 정도로 먹는 것을 즐긴다. 과일 맛 시럽을 만들 때에는 사과, 오렌지, 레몬 등 껍질을 사용하며 기호에 따라서 시나몬 스틱 등을 넣고 끓인다.

memo

# 딸기 에클레르
## Strawberry Eclair

**파트 아 슈 재료**

| | |
|---|---|
| 물 | 125g |
| 버터 | 75g |
| 박력분 | 75g |
| 달걀 | 3개 |
| 소금 | 1g |
| 딸기 | 200g |

**만드는 과정**

1. 냄비에 물, 소금, 버터를 넣고 끓인다.
2. 불 위에서 체 친 밀가루를 넣고 충분히 저어준다.
3. 불에서 내려 달걀을 2~3번에 나누어 넣으면서 저어준다.
4. 달걀의 크기에 따라서 농도가 다를 수 있다. 주걱으로 반죽이 뚝뚝 떨어지는 정도가 적당하다.
5. 짤주머니에 원형 깍지를 끼우고 반죽을 채워서 짜준다.
6. 반죽 윗면에 물을 뿌리고 오븐에서 굽는다.(200/210℃)
7. 껍질 윗면을 자르고 크램 파티시에 크림을 채운 다음 딸기를 올린다.

# 딸기 에클레르
Strawberry Eclair

## 크렘 파티시에 재료

| | |
|---|---|
| 우유 | 450g |
| 버터 | 30g |
| 노른자 | 4개 |
| 설탕 | 110g |
| 박력분 | 55g |
| 소금 | 1g |
| 바닐라 빈 | 1개 |
| 그랑 마르니에 | 15g |

## 만드는 과정

**1.** 바닐라 빈 껍질 한 면을 자른 다음 씨를 발라서 껍질과 같이 우유에 넣고 약한 불에서 끓기 직전까지 데운다.

**2.** 노른자에 설탕, 소금을 넣고 저어준다.

**3.** 체 친 밀가루를 섞어준다.

**4.** 데운 우유를 2~3번에 나누어 넣으면서 섞어준다.(바닐라 빈 껍질은 제거해준다.)

**5.** 다시 불 위에 올려 되직한 상태까지 거품기로 저어준다.

**6.** 불에서 내린 후 조금 있다가 버터를 넣고 섞어준다.

**7.** 완전히 식으면 그랑 마르니에를 섞어준다.

## 에클레르(Eclair)

에클레르는 프랑스어로 '번개'라는 뜻으로 슈의 표면에 바른 퐁당 쇼콜라가 빛에 반사해서 번개처럼 빛난다고 해서 붙여진 명칭이다. 또한 '매우 맛있어서 번개처럼 먹는다'는 뜻으로 표현되기도 한다. 19세기 프랑스에서 시작된 에클레르는 길게 구운 버터 슈(choux)에 커스터드 크림이나 휘핑크림, 커피크림, 초콜릿크림, 다양한 종류의 과일을 이용한 과일크림 등으로 속을 채운 뒤 표면에 퐁당 쇼콜라, 초콜릿 등을 입힌 것이다. 여기에 다양한 과일이나 꽃잎 등으로 장식하면 에클레르가 완성된다.

memo

# 딸기 바스킷
## Strawberry Basket

### 바스킷 반죽

| | |
|---|---|
| 슈거파우더 | 100g |
| 흰자 | 100g |
| 버터 | 100g |
| 박력분 | 100g |

### 추가재료

| | |
|---|---|
| 딸기 | 200g |
| 동물성 생크림 | 100g |
| 설탕 | 10g |

### 만드는 과정

1. 부드러운 버터에 슈거파우더를 넣어서 저어준다.
2. 흰자를 2~3회 나누어서 넣고 섞어준다.
3. 체 친 밀가루를 넣고 섞어 반죽을 하고 비닐을 덮어 냉장고에서 휴지 시킨다.
4. 팬에 반죽을 놓고 고무주걱으로 얇게 펴서 오븐에서 굽는다.(오븐온도 190~200℃)
5. 색깔이 예쁘게 나면 오븐에서 꺼내어 모양을 접는다.
6. 접시에 비스킷을 넣는다.
7. 충전물 딸기 예쁘게 채운다.
8. 생크림을 휘핑하여 올리고 머랭 스틱으로 장식한다.
9. 캐러멜 소스를 만들어 식혀서 생크림에 섞어 캐러멜 크림을 올려도 맛 있다.

# 레밍턴
## Lamington

**스펀지 재료**

| | |
|---|---|
| 달걀 | 310g |
| 노른자 | 200g |
| 설탕 | 320g |
| 꿀 | 40g |
| 물엿 | 20g |
| 박력분 | 260g |
| 우유 | 80g |
| 버터 | 90g |
| 바닐라 향 | 소량 |

**미리 준비해 놓기**

**1.** 달걀은 실온상태가 되도록 냉장고에서 꺼내 30분 이상 둔다.

**2.** 버터는 녹여서 준비한다.

**3.** 준비한 팬에 유산지를 깐다.

**만드는 과정**

**1.** 볼에 달걀 전란과 노른자를 먼저 풀어준다.

**2.** 설탕, 물엿, 바닐라 향을 넣고 거품을 올린다.

**3.** 체 친 박력분을 넣고 섞어준다.

**4.** 녹인 버터와 우유를 가볍게 빨리 섞어준다.

**5.** 베이킹 페이퍼를 깐 사각 몰드에 반죽을 붓고 표면을 평평하게 정리해 예열한 175℃ 오븐에서 40~45분간 굽는다.(몰드 크기에 따라서 굽는 시간이 달라진다.)

**6.** 구워 나온 스펀지를 정사각형 모양으로 자른다.

**7.** 스펀지를 용기에 담아서 랩으로 싸서 냉동실에 넣어서 단단하게 만든다.

**8.** 포크로 스펀지를 찍어서 초콜릿 소스에 담갔다가 빼서 코코넛파우더에 굴린다.

# 레밍턴
## Lamington

### 초콜릿 소스 재료

| | |
|---|---|
| 슈거파우더 | 250g |
| 버터 | 10g |
| 물 | 110g |
| 코코아파우더 | 20g |

### 초콜릿 소스 만드는 과정

**1.** 냄비에 슈거파우더, 물, 버터를 넣고 냄비 가장자리에 기포가 올라올 때까지 끓인 뒤 불에서 내린다.

**2.** 코코아를 넣고 풀어준다.

**3.** 고운체로 걸러준다.

### 산딸기 소스 재료

| | |
|---|---|
| 슈거파우더 | 220g |
| 산딸기 퓌레 | 20g |
| 버터 | 7g |
| 물 | 90g |

### 기타재료

| | |
|---|---|
| 코코넛가루 | 300g |

### 산딸기 소스 만드는 과정

**1.** 모든 재료를 넣고 끓인다.

**2.** 고운체에 걸러준다.

### 레밍턴(Lamington)

호주의 전통적인 레밍턴 디저트는 스펀지 케이크를 실수로 초코시럽에 빠뜨려 처음 만들어진 디저트이다. 스펀지케이크, 또는 카스텔라를 큐브형태로 자른 다음 딸기소스, 망고소스, 녹차소스 등 다양한 종류의 소스를 코팅하고 코코넛을 묻혀서 만든다.

memo

# 초콜릿 브라우니

Chocolate Brownie

## 초콜릿 브라우니 재료

|  |  |
|---|---|
| 다크 커버추어 초콜릿 | 330g |
| 버터 | 100g |
| 바닐라 향 | 소량 |
| 달걀 | 180g |
| 설탕 | 210g |
| 소금 | 2g |
| 커피 | 4g |
| 박력분 | 180g |
| 베이킹파우더 | 8g |
| 초코 칩 | 100g |
| 호두 | 60g |

## 만드는 과정

**1.** 호두 오븐에 살짝 굽는다.

**2.** 초콜릿과 버터를 같이 녹여준다.

**3.** 달걀, 설탕, 소금, 커피를 넣고 거품을 올려준다.

**4.** 박력분, 베이킹파우더를 체 친 후 섞어준다.

**5.** 녹여 놓은 초콜릿과 버터를 넣고 섞어준다.

**6.** 초코 칩, 호두, 바닐라에센스를 넣고 가볍게 섞어준다.

**7.** 준비된 몰드에 반죽을 채우고 오븐온도 160℃에서 20~25분간 굽는다.

# 초콜릿 브라우니
Chocolate Brownie

## 초콜릿 장식물

| | |
|---|---|
| 카카오 버터 | 150g |
| 다크초콜릿 | 350g |

## 만드는 과정

**1.** 전자레인지에 카카오버터를 녹인다.

**2.** 중탕으로 초콜릿을 녹인다.

**3.** 카카오버터와 초콜릿을 섞어준다.

**4.** 중탕하여 온도를 30~33℃로 내린 다음 씌운다.

**5.** 초콜릿이 굳으면 풍선에 바람을 빼고 자른 다음 사용한다.

## 초콜릿 브라우니(Chocolate Brownie)

초콜릿 브라우니는 영국의 전통적인 과자이며, 미국에 전해져 더 유명해졌다. 갈색빛(브라운)으로 구운 색이 들어 있어 붙여진 명칭으로 사각 형태로 잘린 진한 초콜릿 케이크이며 브라우니라고 줄여서 부르기도 한다. 퍼지 브라우니 또는 케이크 브라우니는 맛의 농도와 견과류, 아이싱, 크림치즈, 초콜릿 칩 등 재료의 포함 등에 따라 다양한 형태의 브라우니가 만들어지고 있다. 초콜릿은 넣지 않고 갈색 설탕을 첨가해 제조한 브라우니는 블론디로 불린다. 브라우니는 호텔에서 애프터눈 티, 티타임 행사에 디저트로 생크림이나 바닐라 아이스크림과 함께 내놓기도 한다.

memo

# 초콜릿 비스킷 슈

Chocolate Biscuit Choux

## 초콜릿 크로캉 재료

박력분 ·······················74g
아몬드파우더 ·················14g
황설탕 ·······················38g
다크초콜릿 ····················16g
버터 ························70g

## 만드는 과정

**1.** 실온에 둔 버터에 녹인 초콜릿과 황설탕을 잘 섞는다.
**2.** 박력분과 아몬드파우더를 체 친 후 넣고 잘 섞는다.
**3.** 반죽을 얇게 펴서 냉장휴지한 후 2mm 두께로 밀고 둥근 커터로 자른다.

## 슈 반죽 재료

물 ·························100g
우유 ·······················100g
버터 ·························80g
설탕 ··························4g
소금 ··························2g
초콜릿 ·······················32g
강력분 ······················120g
달걀 ·······················200g

## 만드는 과정

**1.** 물, 우유, 버터, 설탕, 소금을 냄비에 가열하고 끓으면 초콜릿을 넣어 녹인다.
**2.** 체 친 강력분을 넣고 불 위에서 주걱으로 저어서 수분을 날린다.
**3.** 달걀을 3~4회 나누어 넣으면서 저어준다.
**4.** 반죽을 짤주머니에 담아 지름 3~4cm 정도를 짜준다.
**5.** 반죽 위에 붓으로 달걀물을 바르고 초콜릿 크로캉을 올린다.
**6.** 오븐온도 180℃에서 25분간 굽는다.
**7.** 초콜릿 가나슈를 짤주머니에 담아서 짜준다.

# 초콜릿 비스킷 슈
Chocolate Biscuit Choux

### 초콜릿 가나슈

다크초콜릿·······················200g
생크림·······························250g
그랑 마르니에·······················20g

### 만드는 과정

**1.** 생크림을 끓인다.

**2.** 초콜릿에 넣고 저어준다.

**3.** 식으면 그랑 마르니에를 넣고 저어준다.

memo

# 프랑부아즈 슈트로이젤 쇼콜라

Framboise Streusel Chocolat

## 초코 슈트로이젤 재료

| | |
|---|---|
| 버터 | 75g |
| 황설탕 | 80g |
| 박력분 | 75g |
| 코코아파우더 | 10g |
| 아몬드파우더 | 75g |
| 소금 | 2g |

## 만드는 과정

**1.** 상온에 둔 부드러운 버터에 설탕을 넣고 주걱으로 섞어준다.

**2.** 체 친 박력분, 베이킹파우더, 코코아파우더를 넣고 주걱으로 가볍게 섞어준다.

**3.** 두 손으로 가볍게 비벼준다. (소보로 만들 때와 비슷하게)

**4.** 글라스에 초코 슈트로이젤을 조금 넣는다.

**5.** 초콜릿 가나슈 크림을 글라스에 85% 채운 다음 냉장고나 냉동실에 넣어 굳힌다.

**6.** 젤리를 채운 다음 굳으면 장식한다.

# 프랑부아즈 슈트로이젤 쇼콜라

Framboise Streusel Chocolat

## 산딸기 젤리 재료

산딸기 퓌레·················200g
설탕 ·····················100g
젤라틴 ························4g

## 만드는 과정

**1.** 젤라틴을 차가운 물에 불린다.

**2.** 산딸기, 퓌레, 설탕을 넣고 끓인다.

**3.** 불에서 내린 다음 젤라틴을 넣고 저어준다.

## 초콜릿 가나슈

다크초콜릿 ·················200g
생크림 ····················250g
그랑 마르니에·················20g

## 만드는 과정

**1.** 생크림을 끓인다.

**2.** 초콜릿에 넣고 저어준다.

**3.** 식으면 그랑 마르니에를 넣고 저어준다.

## 슈트로이젤(Streusel)

슈트로이젤은 굽는 과자의 표면에 뿌리는 소보로 중 하나로 우리나라의 소보로 빵 위에 올라가는 토핑류와 비슷하다. 유럽의 슈트로이젤을 변형하여 일본에서 소보로를 만들었다는 설도 있으나, 만드는 과정에 있어서는 전혀 다르다. 슈트로이젤은 물엿이나 땅콩버터를 사용하지 않는다. 또한 소보로는 반죽한 그대로 사용하는 반면, 슈트로이젤은 원하는 모양을 내기 위해 반죽을 냉동시킨 후에 체에 내려 모양을 내어 사용한다. 주로 굵은 체를 사용해야 좋은 모양이 나온다.

memo

# 레드벨벳 프로마쥬

Red Velvet Fromage

## 재료

| | |
|---|---|
| 벨벳 파우더 | 250g |
| 달걀 | 125g |
| 물 | 120g |
| 식용유 | 30g |

## 만드는 과정

**1.** 가루를 체 친 후 전 재료를 넣고 거품을 올린다.

**2.** 몰드에 종이를 깔고 반죽을 펴서 오븐에 넣는다.

**3.** 오븐온도 175~180℃에서 10~12분간 굽는다.

**4.** 칼로 자른 다음 링 몰드를 사용하여 찍어준다.

**5.** 케이크 시럽을 시트에 바른다.

**6.** 짤주머니에 모양 깍지를 넣고 크림을 채워서 짜준다.

**7.** 접시에 올리고 장식한다.

## 프로마쥬 크림

| | |
|---|---|
| 크림치즈 | 220g |
| 슈거파우더 | 60g |
| 레몬주스 | 10g |
| 동물성 생크림 | 300g |
| 버터 | 50g |

## 프로마쥬 크림 만드는 과정

**1.** 포마드 상태의 크림치즈에 버터, 슈거파우더, 생크림 100g을 넣고 부드럽게 해준다.

**2.** 레몬주스를 넣고 저어준다.

**3.** 생크림 200g을 휘핑하여 섞어준다.

## 레드 벨벳 케이크(Red Velvet Cake)

레드 벨벳 케이크는 촉촉하고 부드러운 식감이 나는 향이 깊은 초콜릿 케이크의 일종이다. 초콜릿 재료는 들어가지 않아도 무방하며, 버터, 밀가루, 코코아 파우더, 사탕무, 또는 붉은색 식용 색소가 들어있다. 레드 벨벳 케이크는 미국 남부 지방에서 매우 인기가 높고 만들 때는 슈거파우더, 버터, 크림치즈를 많이 사용한다.

# 수플레 치즈케이크
## Souffle Cheese Cake

### 수플레 치즈케이크 재료

크림치즈 ····················200g
버터 ·······················20g
슈거파우더 ·················20g
소금 ························1g
달걀 ························2개
생크림 ·····················70g
샤워크림 ···················90g
레몬 ························1개
전분 ························20g
설탕 ························40g

### 만드는 과정

**1.** 다이제스트를 밀대로 잘게 으깬다.

**2.** 으깬 과자에 녹인 버터와 흰자를 넣고 섞어준다.

**3.** 준비된 몰드 바닥에 과자를 넣고 밀대로 눌러준다.

**4.** 샤워크림, 레몬주스를 넣고 섞어준다.

**5.** 전분을 체 친 후 섞어준다.

**6.** 흰자와 설탕으로 머랭을 만들어 두 번에 나누어 섞어준다.

**7.** 준비된 몰드에 채우고 중탕하여 오븐온도 160℃에서 25~30분간 굽는다.

### 다이제스트 재료

다이제스트 ·················300g
버터 ·······················50g
흰자 ·······················50g

### 만드는 과정

**1.** 다이제스트를 잘게 으깬다.

**2.** 으깬 과자에 흰자와 버터를 녹여서 넣고 섞어준다.

**3.** 준비된 몰드 바닥에 과자를 넣고 눌러준다.

# 오렌지 아망딘
## Orange Amandine

### 오렌지 아망딘 재료

|  |  |
| --- | --- |
| 박력분 | 80g |
| 아몬드파우더 | 150g |
| 오렌지 | 1개 |
| 설탕 | 285g |
| 달걀 | 4개 |
| 버터 | 200g |
| 오렌지 필 | 100g |
| 그랑 마르니에 | 50g |

### 만드는 과정

1. 박력분과 아몬드파우더를 체 친다.
2. 설탕을 넣어준다.
3. 달걀을 섞어준다.
4. 버터를 녹여서 섞어준다.
5. 오렌지 제스트, 오렌지주스를 섞어준다.
6. 오렌지 필, 그랑 마르니에를 섞어준다.
7. 랩을 싸서 냉장고에서 휴지시킨다.
8. 반죽을 짤주머니에 담아 몰드에 짜서 오븐에서 굽는다.
9. 오븐온도 185℃에서 15~20분간 굽는다.
10. 식으면 과자 표면에 시럽을 바르고 오렌지 혼당으로 코팅한다.

### 아망딘(Amandine)

아몬드 풍미를 살린 타르트로 파트 쉬크레를 얇게 밀어서 틀에 깔고 그 속에 크렘 다망드를 짜 넣어 구운 프랑스 과자이다.
윗면에 아몬드 슬라이스를 뿌리고 조린 살구잼을 바른다.
큰 타르트에서부터 작은 한입 크기 과자인 타르틀레트까지 모양과 크기가 다양하다.

# 파인애플 캐러멜

Pineapple Caramel

## 파인애플 캐러멜 재료

파인애플 ····················· 5조각
황설탕 ······················ 150g
버터 ·························· 15g

## 만드는 과정

**1.** 파인애플껍질을 벗기고 자른다.
**2.** 프라이팬에 설탕을 넣고 캐러멜 색깔이 날 때까지 끓인다.
**3.** 캐러멜색이 나면 버터를 넣고 섞어준다.
**4.** 파인애플을 넣고 색깔이 골고루 날 수 있도록 굴려준다.
**5.** 스틱을 꽂는다.
**6.** 글라스에 패션프루트 소스를 먼저 넣고 파인애플을 넣는다.

## 패션프루트 소스

패션퓌레 ····················· 200g
설탕 ·························· 50g
물엿 ·························· 20g

## 만드는 과정

**1.** 냄비에 설탕, 물엿, 패션퓌레를 넣고 끓인다.
**2.** 식혀서 냉장고에 넣어 놓고 사용한다.

# 아몬드 튀일 레이어
## Almond Tuile Layer

### 아몬드 튀일 재료

버터 ·························· 90g
슈거파우더 ················· 120g
흰자 ·························· 90g
박력분 ······················ 105g
슬라이스 아몬드············· 75g

### 추가 준비 재료

딸기 ························· 100g
산딸기 ······················ 100g
동물성 생크림··············· 200g
화이트초콜릿················· 200g
설탕 ························· 20g
애플민트 식용꽃

### 만드는 과정

**1.** 상온에 둔 버터에 슈거파우더를 섞어준다.

**2.** 흰자를 조금씩 넣어주면서 저어준다.

**3.** 체 친 밀가루를 넣고 섞어준다.

**4.** 냉장고에서 휴지시킨 후 사용한다.

**5.** 둥근 원 안에 반죽을 넣고 얇게 펴준다.

**6.** 아몬드를 뿌려준다.

**7.** 오븐온도 180℃에서 5~7분간 가열시킨 후 갈색 색깔이 나면 꺼낸다.

**8.** 화이트초콜릿을 녹여서 아몬드 튀일에 붓으로 발라준다.

**9.** 튀일 위에 휘핑한 생크림을 짜고 딸기나 산딸기를 올린다.

**10.** 산딸기 소스를 이용하여 데커레이션한다.

### 튀일(Tuile)

튀일은 견과류 아몬드가 울퉁불퉁하게 박힌 기왓장 모양의 프랑스 과자 프티 프르 세크의 하나로 밀가루, 아몬드 슬라이스, 설탕, 흰자를 넣고 섞은 반죽을 얇고 둥글게 만들어 구워서 식기 전에 틀에 붙여 모양을 내거나 케이크, 디저트 장식물로 사용하며, 크림을 넣고 샌드하여 디저트로 만들기도 한다.

# 트라이플

Trifle

## 트라이플 재료

라즈베리, 파인애플, 복숭아, 딸기
등 취향에 맞는 과일 준비
생크림 ·························200g
설탕 ···························20g

## 만드는 과정

**1.** 바닐라 빈 껍질 한 면을 자른 다음 씨를 발라서 껍질과 같이 우유에 넣고 약한 불에서 끓기 직전까지 데운다.

**2.** 노른자에 설탕, 소금을 넣고 저어준다.

**3.** 체 친 밀가루를 섞어준다.

**4.** 데운 우유를 2~3번에 나누어 넣으면서 섞어준다.(바닐라 빈 껍질은 제거해준다.)

**5.** 다시 불 위에 올려 되직한 상태까지 거품기로 저어준다.

**6.** 불에서 내린 후 조금 있다가 버터를 넣고 섞어준다.

**7.** 완전히 식으면 그랑 마르니에를 섞어준다.

# 트라이플
Trifle

**커스터드 크림 재료**

| | |
|---|---|
| 우유 | 450g |
| 버터 | 30g |
| 노른자 | 4개 |
| 설탕 | 110g |
| 박력분 | 55g |
| 소금 | 1g |
| 바닐라 빈 | 1개 |
| 그랑 마르니에 | 15g |
| 동물성 생크림 | 200g |

**트라이플 만드는 과정**

**1.** 다양한 과일을 준비한다.

**2.** 글라스는 미리 냉장고에 넣어 놓는다.

**3.** 생크림을 휘핑하여 커스터드 300g과 섞어준다.

**4.** 글라스에 크림을 조금 짜준다.

**5.** 과일을 조금 넣는다.

**6.** 크림을 넣는다.

**7.** 과일을 올리고 장식한다.

**트라이플(Trifle)**

트라이플은 영국의 맛있는 디저트 중 하나이며, 색상과 모양이 아름다워 여성들이 좋아한다. 우리나라에서는 다소 생소한 디저트이지만 영국에서는 어디서나 맛볼 수 있는, 흔한 디저트이다. 용기는 주로 긴 유리컵을 사용하며, 화려한 외관과 달리 만들기는 비교적 쉽다. 컵의 밑부분부터 스펀지 케이크와 커스터드 크림, 과일, 머랭, 산딸기 같은 다양한 과일을 쌓아서 만든 디저트이다. 먹을 때는 긴 스푼으로 밑부분까지 한 번에 떠먹는 게 포인트다. 크림이 많아 보기엔 느끼할 것 같지만 새콤한 과일 맛과 담백한 크림이 이를 보완해 주기 때문에 간식으로 즐겨 먹는다.

memo

# 뉴욕치즈케이크
## New York Cheesecake

### 뉴욕치즈케이크 재료

|  |  |
|---|---|
| 크림치즈 | 675g |
| 설탕 | 130g |
| 노른자 | 2개 |
| 달걀 | 1개 |
| 바닐라 빈 | 1개 |
| 생크림 | 50g |
| 샤워크림 | 50g |
| 다이제스트 | 300g |
| 버터 | 50g |
| 흰자 | 30g |

### 만드는 과정

1. 다이제스트를 잘게 으깬다.
2. 으깬 과자에 흰자와 버터를 녹여서 넣고 섞어준다.
3. 몰드 바닥에 펴서 눌러준다.
4. 크림치즈, 설탕, 바닐라 빈을 넣고 저어준다.
5. 치즈가 부드럽게 되면 달걀노른자를 넣고 저어준다.
6. 생크림, 샤워크림을 넣는다.
7. 몰드에 반죽을 채워서 중탕으로 굽는다.
8. 160℃에서 50~70분 동안 굽는다.(제품 크기에 따라서 굽는 시간이 다르다.)

### 뉴욕치즈케이크(New York Cheesecake)

뉴욕치즈케이크는 크림치즈를 듬뿍 넣고 만든 치즈케이크로 치즈 맛이 진하고 치즈 향이 강하게 나는 것이 특징이며, 특유의 살짝 톡 쏘는 풍미를 느낄 수 있다. 크림치즈와 샤워크림, 달걀, 설탕을 주재료로 하여 기호에 따라서 바닐라, 레몬을 첨가하여 만들며, 구워서 마무리하거나 차게 해서 굳힌 것도 있다. 치즈는 오래전부터 식생활에 깊숙이 파고들어 있었기 때문에 이것을 사용한 케이크가 많이 만들어졌다. 이미 그리스시대에 치즈를 이용한 타르틀레트가 있었으며 프랑스의 가토 오 프로마주, 타르트 오 프로마주, 독일의 케제 토르테, 케제 쿠헨이 대표적인 치즈케이크이다.

# 에그 타르트

Egg Tart

## 타르트껍질 재료

| | |
|---|---|
| 박력 | 375g |
| 물 | 125g |
| 소금 | 2g |
| 버터 | 250g |
| 설탕 | 15g |

## 만드는 과정

**1.** 테이블 위에 박력분을 체 친다.

**2.** 버터를 넣고 스크레이퍼로 버터를 잘게 자르며 피복시킨다.

**3.** 찬물에 설탕, 소금을 넣고 저어서 녹인 다음 부어준다.

**4.** 한 덩어리가 되도록 뭉쳐서 납작하게 하여 비닐에 싸서 냉장고에 넣고 휴지시킨다.

**5.** 반죽을 꺼내어 밀어서 3절 접기를 하여 냉동고에서 휴지시킨다.

**5.** 반죽을 3~4mm 밀어서 몰드로 찍어 몰드에 넣고 형태를 만든다.

**6.** 필링을 90% 채워서 180℃에서 30~35분간 굽는다.

# 에그 타르트
## Egg Tart

**에그 타르트 필링 재료**

| | |
|---|---:|
| 노른자 | 8개 |
| 설탕 | 120g |
| 바닐라 빈 | 1개 |
| 우유 | 240ml |
| 생크림 | 240ml |
| 소금 | 1g |

**만드는 과정**

**1.** 노른자에 설탕 소금을 넣고 천천히 섞어준다.

**2.** 우유, 생크림에 바닐라 빈을 넣고 뜨겁게 데운다.

**3.** 데운 우유에 생크림을 부어주면서 저어준다. 덩어리지지 않도록 한다.

**4.** 다시 불 위에 올려서 걸쭉할 때까지 저어준다.

**5.** 짤주머니에 반죽을 담아서 준비된 몰드에 짜준다.

### 에그 타르트(Egg Tart)

홍콩이나 마카오, 일본 등을 여행가면 많이 먹는 에그 타르트는 노른자, 생크림 등을 섞어 만든 커스터드 크림으로 속을 채운 파이로 포르투갈에서 기원한 디저트다. 에그 타르트는 크게 포르투갈식(마카오식)과 홍콩식으로 구분되어 만들어지는데, 포르투갈의 에그 타르트는 페이스트리 반죽을 사용하여 바삭한 식감을 가지며, 홍콩식 에그 타르트는 타르트 반죽을 이용하기 때문에 바깥부분이 비스킷과 같이 딱딱한 식감을 가지고 있다. 또한 속을 채운 커스터드 크림의 경우, 포르투갈과 다르게 모든 재료를 한꺼번에 섞어 오븐에 넣고 맛을 내며, 속은 부드럽고 촉촉한 질감에 표면은 반죽의 가장자리가 갈색으로 될 때까지 굽는다.

memo

# 과일 파블로바

Fruit Pavlova

## 파블로바 재료

흰자 ······························ 100g
설탕 ······························ 100g
레몬즙 ···························· 10g
옥수수전분 ······················· 10g

## 추가 준비 재료

딸기, 체리, 블루베리, 키위, 화이트
초콜릿 ························· 100g

## 만드는 과정

**1.** 흰자 거품을 올린다.

**2.** 설탕을 넣어 주면서 단단한 머랭을 만든다.

**3.** 레몬즙을 넣고 섞어준다.

**4.** 전분을 체 쳐서 넣고 섞어준다.

**5.** 오븐온도 120℃에서 40~50분간 굽는다.

**6.** 화이트초콜릿을 녹여서 머랭에 바른다.

**7.** 머랭 위에 커스터드 크림을 올린다.

**8.** 과일을 잘라서 올린다.

# 과일 파블로바

Fruit Pavlova

## 커스터드 크림 재료

| | |
|---|---|
| 우유 | 450g |
| 버터 | 30g |
| 노른자 | 4개 |
| 설탕 | 110g |
| 박력분 | 55g |
| 소금 | 1g |
| 바닐라 빈 | 1개 |
| 그랑 마르니에 | 15g |

## 만드는 과정

**1.** 바닐라 빈 껍질 한 면을 자른 다음, 씨를 발라서 껍질과 같이 우유에 넣고 약한 불에서 끓기 직전까지 데운다.

**2.** 노른자에 설탕, 소금을 넣고 저어준다.

**3.** 체 친 밀가루를 섞어준다.

**4.** 데운 우유를 2~3번에 나누어 넣으면서 섞어준다.(바닐라 빈 껍질은 제거해준다.)

**5.** 다시 불 위에 올려 되직한 상태까지 거품기로 저어준다.

**6.** 불에서 내린 후 조금 있다가 버터를 넣고 섞어준다.

**7.** 완전히 식으면 그랑 마르니에를 섞어준다.

## 파블로바(Pavlova)

파블로바는 호주를 대표하는 국민 디저트로 1920년대 유명한 러시아 무용수인 안나 파블로바가 호주와 뉴질랜드를 여행할 때 그녀를 기념하기 위해 만들어진 디저트로 유명하며, 안나 파블로바의 이름을 따서 만들어진 파블로바는 쉽게 말해 머랭 케이크다. 흰자를 거품 내어 머랭을 만든 후에 오븐에서 구워 겉은 바삭하고 속은 부드러운 디저트다. 커스터드 크림이나 생크림 등 다양한 과일을 올려서 만들며, 완성된 파블로바의 형태는 발레리나 춤을 닮은 듯 자연스럽고 형식적인 느낌이 없이 손이 가는대로 만들면 된다.

memo

# 녹차오페라
## Green Tea Mousse

### 비스퀴 조콩드 재료

슈거파우더 …………………… 80g
아몬드파우더 ………………… 80g
노른자 ………………………… 20g
달걀 …………………………… 120g
흰자 …………………………… 160g
설탕 …………………………… 80g
박력분 ………………………… 64g
녹차파우더 …………………… 6g
버터 …………………………… 20g

### 만드는 과정

1. 볼에 체질한 슈거파우더, 아몬드파우더, 녹차파우더, 박력분을 넣은 후에 거품기로 섞는다.
2. 달걀을 넣고 잘 섞는다.
3. 흰자는 거품을 올려서 설탕을 넣고 끝이 약간 휘는 정도로 머랭을 만든다.
4. 반죽에 머랭을 ½ 정도 섞은 후에 녹인 버터를 섞는다.
5. 나머지 머랭을 섞고 준비된 철판에 패닝한다.
6. 오븐온도 190℃/170℃에서 15분간 굽는다.

### 녹차 가나슈 재료

화이트초콜릿 ………………… 60g
밀크초콜릿 …………………… 60g
녹차파우더 …………………… 6g
물엿 …………………………… 20g
생크림 ………………………… 150g
버터 …………………………… 30g

### 만드는 과정

1. 볼에 화이트초콜릿, 밀크초콜릿, 물엿을 중탕하여 녹인다.
2. 끓인 생크림을 넣고 저어준다.
3. 버터를 넣고 저어준다.
4. 녹차파우더를 넣고 섞어준다.

# 녹차오페라
## Green Tea Mousse

### 녹차 버터크림 재료

|  |  |
|---|---|
| 버터 | 200g |
| 녹차파우더 | 8g |
| 말차 리큐르 | 8g |
| 물 | 40g |
| 설탕 | 80g |
| 노른자 | 40g |

### 만드는 과정

1. 물과 설탕을 끓인다.
2. 노른자를 저어가면서 끓인 시럽을 천천히 부어준다. (노른자가 익지 않도록 시럽을 조금 식혀서 사용한다.)
3. 시럽에 버터를 넣고 저어준다.
4. 녹차파우더를 넣고 저어준다.
5. 말차 리큐르를 넣고 섞어준다.

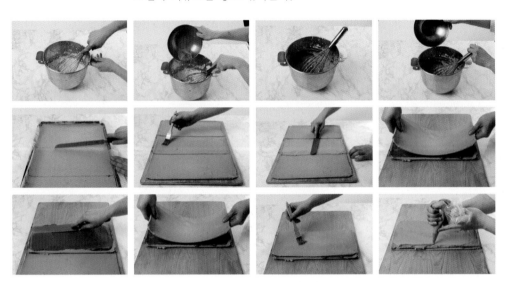

### 녹차 글레이즈 재료

|  |  |
|---|---|
| 설탕 | 80g |
| 녹차파우더 | 7g |
| 물엿 | 10g |
| 생크림 | 50g |
| 물 | 60g |
| 젤라틴 | 4g |

### 만드는 과정

1. 냄비에 물, 물엿, 생크림, 설탕을 넣고 끓인다.
2. 녹차파우더를 넣고 저어준다.
3. 물에 불린 젤라틴을 넣고 저어준다.
4. 고운체에 걸러준다.

### 오페라(Opera)

프랑스의 초콜릿 케이크. 역사적으로 볼 때 비교적 최신 과자에 속한다. 비스킷 조콩드 특수 반죽에 케이크 시럽을 충분히 바른 다음 커피 풍미의 버터크림과 초콜릿과 생크림으로 만든 가나슈를 번갈아가며 바르고 샌드하여 표면에 초콜릿을 바른다. 그리고 윗면에 순금박으로 화려하게 장식을 한다. 오페라 케이크는 파리의 오페라 극장 부근의 제과점에서 처음 만들었다고 해서 붙여진 명칭이다.

memo

# 사바랭

Savarin

## 사바랭 재료

| | |
|---|---|
| 강력분 | 150g |
| 중력분 | 100g |
| 설탕 | 20g |
| 소금 | 4g |
| 달걀 | 1개 |
| 우유 | 190g |
| 생이스트 | 10g |
| 버터 | 100g |

## 만드는 과정

1. 버터를 제외한 전 재료를 넣고 반죽한다.
2. 버터를 녹여서 넣고 섞어준다.
3. 반죽이 완성되면 30~40분 1차 발효시킨다.
4. 준비된 몰드에 반죽을 넣고 2차 발효시킨다.
5. 오븐온도 175℃에서 20분간 굽는다.
6. 오븐에서 나오면 준비된 시럽에 넣었다가 꺼낸다.

## 사바랭 시럽 재료

| | |
|---|---|
| 물 | 500g |
| 설탕 | 300g |
| 바닐라 빈 | 1개 |
| 오렌지 | 1개 |
| 레몬 | 1개 |
| 월계수 잎 | 1장 |
| 럼 | 150g |

## 만드는 과정

1. 냄비에 물, 설탕, 오렌지, 레몬, 월계수 잎을 넣고 끓인다.
2. 시럽을 불에서 내려 뜨거울 때 럼을 넣고 랩으로 싸 놓는다.

### 사바랭(Savarin)

프랑스 생과자로 반죽이 묽은 것이 특징이며, 발효반죽을 사바랭 틀 또는 바바 틀에 채워서 구운 다음 럼 또는 브랜디 시럽을 흡수시켜 만든 과자로 가운데에는 크림과 과일을 얹는다. 프랑스의 제2제정 시기에 파리에서 제과사이자 제과업자였던 줄리앙(Julien)이 레이즌을 넣지 않은 반죽을 구워서 시럽에 담근 것이 최초이며, 이것을 당시 식도락가이던 브리야 사바랭(Brillat Savarin)의 이름을 따서 사바랭이라 명명하였고 럼을 자주 쓰기 때문에 바바 오 럼이라고도 한다.

# 고구마 몽블랑

Sweet Potato Mont-Blanc

### 고구마 크림 재료

고구마 ························500g
꿀 ···························· 50g
생크림 ······················100g
버터 ························· 50g

### 만드는 과정

**1.** 고구마를 푹 찐다.
**2.** 뜨거울 때 껍질을 벗기고 버터, 꿀을 넣고 덩어리가 없도록 으깬다.
**3.** 생크림을 넣고 섞어준다.

### 밤 크림 재료

밤 페이스트 ···············500g
럼 ···························· 50g
버터 ························125g
생크림 ······················100g

### 만드는 과정

**1.** 밤 페이스트에 버터 럼을 넣고 저어서 크림화시킨다.
**2.** 생크림을 조금씩 넣으면서 부드럽게 해준다.
**3.** 준비된 몰드에 고구마 크림을 채운다.
**4.** 밤 크림을 짤주머니에 담아서 짜준다.

### 몽블랑(Mont-Blanc)

알프스의 최고봉인 몽블랑을 본떠서 만든 케이크로 밤 페이스트, 생크림 럼 등을 사용해서 만든다. 밤의 진한 맛과 스위스 머랭의 바삭함이 잘 어울리는 디저트이다. 보통 스펀지 케이크를 사용하지만 여러 가지 변화를 주어 특별한 디저트를 만들 수도 있다.
몽블랑은 밤 페이스트를 얇은 국수 모양으로 짠 것이 특징으로, 유럽보다는 일본에서 다양한 제품이 개발되어 많이 판매되고 있다.

# 일 플로탕트

Ile Flottantes

## 머랭 재료

흰자 ····························· 250g
설탕 ····························· 130g
소금 ······························· 2g
바닐라 향 레몬 ················1개

## 만드는 과정

**1.** 흰자 거품을 올린다.

**2.** 설탕, 소금을 조금씩 넣어주면서 단단한 머랭을 만든다.

**3.** 바닐라 향을 넣어준다.

**4.** 냄비에 물, 레몬껍질을 벗겨서 넣고 레몬은 반으로 잘라서 넣고 끓인다.

**5.** 물 온도 85℃ 정도에서 스푼으로 머랭을 떠서 데친다. (우유에 데치기
   도 함.)

**6.** 접시에 크렘 앙글레즈를 깔고 머랭을 위에 올린다.

**7.** 캐러멜을 만들어서 뿌려준다.

# 일 플로탕트

Ile Flottantes

## 크렘 앙글레즈 재료

| 유유 | 250ml |
|------|-------|
| 바닐라 빈 | 1개 |
| 노른자 | 40g |
| 설탕 | 50g |

## 만드는 과정

**1.** 우유에 바닐라 빈을 넣고 뜨겁게 데운다.

**2.** 노른자에 설탕을 넣고 저어준다.

**3.** 데운 우유를 ②에 넣고 저어준다.

**4.** 불 위에서 윤기가 나고 탄력이 있을 때까지 저어준다.

## 캐러멜 소스 재료

| 설탕 | 45g |
|------|-----|
| 물엿 | 30g |
| 생크림 | 75g |

## 만드는 과정

**1.** 냄비에 물엿과 설탕을 넣고 끓인다. (젓지 않고 그대로 끓인다.)

**2.** 가장자리가 끓어오르면 약한 불로 줄여 갈색이 될 때까지 끓인다.

**3.** 불을 끄고 생크림을 조금씩 부어가며 주걱으로 섞는다.

**4.** 약한 불에서 살짝 끓인다.

## 일 플로탕트(Ile Flottantes)

'떠다니는 섬'이라는 뜻의 디저트로, 머랭이 뜰 정도로 크렘 앙글레즈를 충분히 볼에 넣고 머랭을 위에 올리며, 캐러멜 시럽을 듬뿍 뿌리는 디저트다.

memo

# 캐러멜 머랭 수플레
## Caramel Meringue Souffle

**캐러멜 재료**

설탕 ·····················200g
물(A) ·······················50g
물(B) ·······················30g

**만드는 과정**

**1.** 냄비에 물(A), 설탕을 넣고 끓인다.

**2.** 캐러멜 색깔이 나면 물(B)을 넣고 저어준다.

**3.** 준비된 몰드에 캐러멜을 부어준다.

**4.** 머랭을 만들어 몰드에 채운다.

**5.** 오븐온도 180℃에서 20~25분간 굽는다.

**6.** 냉장고에 보관하며 필요시 접시에 뒤집어서 놓으면 빠진다.

**7.** 접시에 머랭을 놓고 다양한 과일이나 바닐라 소스를 곁들인다.

**머랭 재료**

흰자 ·····················200g
설탕 ·······················100g
아마레또 리큐르 ···········20g

**만드는 과정**

**1.** 흰자와 설탕으로 머랭을 만든다.

**2.** 아마레또 리큐르를 넣어준다.

# 당근 케이크 오렌지 소스

Carrot Cake Orange Sauce

## 당근 케이크 재료

| | |
|---|---|
| 박력분 | 200g |
| 베이킹파우더 | 2g |
| 소금 | 2g |
| 계핏가루 | 4g |
| 달걀 | 120g |
| 설탕 | 200g |
| 올리브오일 | 100g |
| 당근 | 200g |
| 호두분태 | 100g |
| 크랜베리 | 70g |

## 만드는 과정

**1.** 달걀, 설탕, 소금을 섞고 거품을 올려 준다.

**2.** 박력분, 베이킹소다, 베이킹파우더, 시나몬파우더를 같이 체 친다.

**3.** 당근을 채 칼에 채 친다.

**4.** 크랜베리와 호두를 같이 섞어 놓는다.

**5.** ①의 거품이 다 올라오면 올리브오일을 섞어준다.

**6.** 가루재료를 천천히 넣으며 섞어준다.

**7.** 당근, 크랜베리, 호두 순서대로 재료를 넣어 섞어준다. (호두는 구워서 사용)

**8.** 준비된 몰드에 종이를 깔고 반죽을 70% 채운다.

**9.** 오븐온도 170~180℃/170℃에서 25~30분간 굽는다.

# 당근 케이크 오렌지 소스

Carrot Cake Orange Sauce

## 치즈크림 재료

크림치즈 ····················· 225g
슈거파우더 ···················· 50g
레몬주스 ······················· 10g
동물성 생크림 ··············· 200g
버터 ·························· 50g

## 만드는 과정

**1.** 부드러운 상태의 크림치즈에 버터, 슈거파우더를 넣고 저어준다.

**2.** 레몬주스를 넣고 저어준다.

**3.** 생크림을 휘핑하여 섞어준다.

**4.** 시트에 시럽을 바르고 치즈크림으로 샌드한다.

**5.** 큰 사각 팬에 구운 다음 식혀서 반으로 자르고 시트에 시럽을 바르고 크림을 샌드하여 몰드를 이용하여 원하는 크기로 찍어서 만든다.

memo

# 바클라바
## Baklava

### 바클라바 재료

| | |
|---|---|
| 필로 페이스트리 | 20장 |
| 호두분태 | 120g |
| 피스타치오 | 100g |
| 아몬드 | 60g |
| 황설탕 | 100g |
| 크랜베리 | 100g |
| 계피파우더 | 1g |
| 버터 | 190g |
| 레몬 | 1개 |

### 만드는 과정

1. 냉동실에서 필로를 꺼내어 해동시킨다.
2. 호두, 피스타치오, 아몬드를 오븐에 살짝 굽는다.
3. 버터를 녹인다.
4. 구운 호두, 피스타치오, 아몬드를 잘게 자른 다음, 크랜베리, 계피파우더, 설탕, 레몬, 체스트, 레몬주스를 섞어 버무려 둔다.
5. 팬 위에 필로도우를 한 장 깔아준다.
6. 녹인 버터를 바른 다음 한 장 올리고 버터를 바르고 또 한 장 올리고 반복하여 8장 올린다.
7. 버터 바른 필로 페이스트리 위에 준비된 충전물을 뿌려준다.
8. 필로 페이스트리 6장 버터를 바르고 반복하여 위에 올려준다.
9. 충전물을 뿌려준다.
10. 필로 페이스트리 6장 버터를 바르고 반복하여 위에 올려준다.
11. 칼로 마름모 모양으로 자른다.
12. 오븐온도 200℃에서 20~25분간 굽는다. (색깔이 나면 꺼낸다.)
13. 시럽을 많이 바르고 피스타치오 장식한다.
14. 필로도우에 버터를 바르고 충전물을 넣고 말아서 둥근 모양으로 만들 수도 있다.

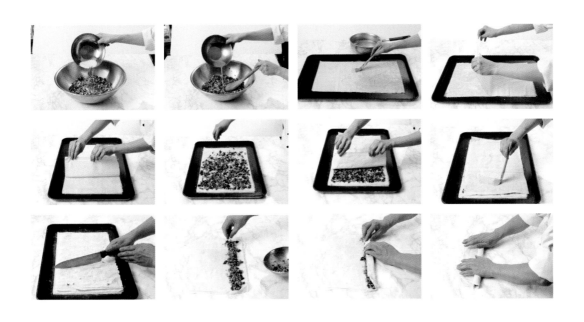

# 바클라바
Baklava

## 바클라바 시럽 재료

| | |
|---|---|
| 설탕 | 250g |
| 물 | 180g |
| 꿀 | 100g |
| 레몬 | 1개 |
| 시나몬 스틱 | 1개 |

## 만드는 과정

1. 설탕, 물, 꿀, 시나몬 스틱, 레몬제스트, 레몬 반 자른 다음 넣고 끓인다.
2. 레몬과 시나몬 스틱을 꺼내고 식힌다.

### 바클라바(Baklava)

바클라바는 결혼식이나 파티, 축제에서 흔히 볼 수 있는 터키 디저트이며, 주로 커피나 차와 함께 먹는다. 겹으로 쌓은 필로(filo) 도우에 버터를 바르고 견과류를 듬뿍 넣고 구워서 달콤한 시럽을 뿌려 만든 단맛의 페이스트리. 기원전 8세기 앗시리아 제국에서 얇게 늘린 반죽을 겹으로 쌓고 사이사이에 호두를 넣어 만든 빵에서 유래되었으며, 오스만 제국의 궁중에서 필로(filo) 만드는 기술을 개발하면서부터 바클라바는 오늘날과 같은 모습으로 만들어졌으며, 가정에서도 냉동 필로를 구매하여 반죽 사이에 버터를 바르고 기호에 따라서 아몬드, 호두, 마카다미아, 피스타치오, 캐슈넛 등 다양한 견과류를 사용하여 쉽게 만들 수 있다.

memo

# 파리 브레스트
## Paris Brest

**슈 재료**

물 ······················· 250g
버터 ······················ 150g
박력분 ····················· 150g
달걀 ······················· 6개
소금 ······················· 1g
슬라이스 아몬드 ··········· 100g

**만드는 과정**

**1.** 냄비에 물과 버터를 넣고 끓인다.

**2.** 체 친 밀가루를 넣고 불 위에서 3~4분간 저어준다. 충분히 호화시킨다.

**3.** 불에서 내려 달걀을 여러 번 나누어 넣으면서 저어준다.

**4.** 반죽에 끈기가 생기고 매끈해진다.

**5.** 짤주머니에 별 모양 깍지를 끼우고 반죽을 넣어 둥글게 짜준다.

**6.** 짜놓은 반죽 위에 아몬드를 올린다.

**7.** 물을 뿌려준다.

**8.** 오븐온도 200℃에서 20~25분간 굽는다.

**9.** 슈를 반으로 자르고 짤주머니에 프랄리네 크림을 담아서 짜준다.

# 파리 브레스트
Paris Brest

## 프랄리네 크림

| | |
|---|---|
| 크렘 파티시에 | 300g |
| 아몬드 프랄리네 | 120g |

## 크렘 파티시에

| | |
|---|---|
| 우유 | 450g |
| 버터 | 30g |
| 노른자 | 4개 |
| 설탕 | 110g |
| 박력분 | 55g |
| 소금 | 1g |
| 바닐라 빈 | 1개 |
| 그랑 마르니에 | 15g |

## 만드는 과정

1. 바닐라 빈 껍질 한 면을 자른 다음 씨를 발라서 껍질과 같이 우유에 넣고 약한 불에서 끓기 직전까지 데운다.
2. 노른자에 설탕, 소금을 넣고 저어준다.
3. 체 친 밀가루를 섞어준다.
4. 데운 우유를 2~3번에 나누어 넣으면서 섞어준다. (바닐라 빈 껍질은 제거해준다.)
5. 다시 불 위에 올려 되직한 상태까지 거품기로 저어준다.
6. 불에서 내린 후 조금 있다가 버터를 넣고 섞어준다.
7. 완전히 식으면 그랑 마르니에를 섞어준다.

### 파리 브레스트(Paris Brest)

슈 반죽은 1760년경에 아비스(Avice)가 처음 만들어냈으며, 슈 반죽 하나로 슈 아라크렘, 에클레르, 크로캉부슈, 파리 브레스트를 만들 수 있다. 파리 브레스트는 슈 반죽을 커다란 고리모양으로 짜내어 오븐에서 구운 후 가운데를 자르고 프랄리네 크림을 넣고 만든 케이크로, 1891년 파리와 브레스트 두 도시 간에 벌어진 자동차 경주를 기념하기 위해 처음 만든 것이다. 둥근 고리 모양은 흡사 차바퀴를 연상시키게 된다.

memo

## 차가운
## 디저트

무스 오 쇼콜라 179

라즈베리 판나코타 181

복분자 젤리 183

망고 젤리 185

누가틴 치즈 파르페 187

홍차 초콜릿 라즈베리 셔벗 191

피치멜바 195

와인에 조린 배 마스카포네 199

만다린 무스 201

크림 캐러멜 205

티라미수 207

베이크드 알래스카 211

파인애플 콩포트 215

바나나 스프릿 217

딸기 드림 219

과일 템테이션 221

버뮤다 썬셋 223

레몬 그라니타 225

라즈베리 그라니타 227

# 무스 오 쇼콜라

Chocolate Mousse

## 초콜릿 무스 재료

| | |
|---|---|
| 노른자 | 60g |
| 설탕 | 40g |
| 다크 커버처 초콜릿 | 160g |
| 생크림(A) | 100g |
| 우유 | 100g |
| 판 젤라틴 | 3장 |
| 생크림(B) | 250g |
| 깔루아 리큐르 | 10g |

## 초콜릿 무스 바닥부분 재료

| | |
|---|---|
| 오레오 쿠키 | 120g |
| 버터 | 45g |

## 만드는 과정

1. 오레오 쿠키를 밀대로 잘게 부순다.
2. 버터를 전자레인지에 녹여서 넣고 섞어준다.
3. 링 몰드 바닥에 랩을 싸고 쿠키를 넣고 얇게 펴서 눌러준다.
4. 쿠키를 넣은 링 몰드는 냉장고에 넣어둔다.
5. 젤라틴을 얼음물에 불린다.
6. 볼에 노른자를 풀고 설탕을 넣고 저어준다.
7. 생크림(A)과 우유를 뜨겁게 데운 다음 노른자에 조금씩 넣어가면서 저어준다.
8. 불 위에 올려서 걸쭉한 단계까지 저어준다.
9. 불린 젤라틴을 짜서 넣고 저어준다.
10. 중탕으로 녹인 초콜릿을 섞어준 다음 깔루아를 넣고 섞어준다.
11. 생크림(B)을 휘핑하여 반죽에 섞어준다.
12. 준비된 몰드에 채워서 냉동실에 넣는다.
13. 초콜릿 시럽 또는 글라사주로 코팅한다.

   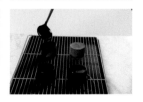

## 무스 오 쇼콜라(Chocolate Mousse)

무스 오 쇼콜라는 초콜릿 특유의 광택을 살려 만든 무스로 프랑스의 전통 디저트다. 프랑스어로 무스는 "거품(foam)"을, 쇼콜라는 "초콜릿(chocolate)"을 의미하므로, "초콜릿으로 만든 거품"을 뜻하며, 영어명으로 초콜릿 무스라 불리고 있다.
다크 초콜릿과 흰자 거품을 주재료로 만들며, 정확한 기원은 알려지지 않았으나, 중남미가 원산지인 초콜릿의 원료인 카카오가 17세기 초 스페인을 통해 프랑스에 전해진 후 18세기 중반 이후 만들어진 것으로 추정되며, 최근에는 생크림, 달걀노른자, 버터, 리큐르 등 다양한 향을 첨가하여 새로운 방법으로 만들고 있다.

# 라즈베리 판나코타
## Raspberry Panna Cotta

### 판나코타 재료

|  |  |
| --- | --- |
| 생크림 | 330g |
| 설탕 | 45g |
| 젤라틴 | 4g |
| 바닐라 빈 | 1개 |
| 레몬 | 1개 |
| 아마레또 리큐르 | 20g |

### 만드는 과정

**1.** 냄비에 생크림 설탕, 레몬 제스트, 바닐라 빈을 넣고 80~85℃까지 데운다.

**2.** 젤라틴을 얼음물에 불려 물기를 제거한 후 넣고 저어준다.

**3.** 반죽이 식으면 리큐르를 넣는다.

**4.** 준비된 몰드에 채워서 냉장고에 넣는다.

**5.** 라즈베리 소스에 라즈베리를 넣고 꿀리를 만들어 올린다.

### 라즈베리 소스 재료

|  |  |
| --- | --- |
| 산딸기 퓌레 | 200g |
| 물 | 100g |
| 설탕 | 100g |
| 물 | 30g |
| 전분 | 4g |
| 라즈베리 | 300g |

### 만드는 법

**1.** 산딸기 퓌레에 설탕, 물을 넣고 끓인다.

**2.** 물에 전분을 섞어서 저어가면서 조금씩 부어준다. 끓을 때까지 저어준다.

**3.** 식으면 고운체에 내려 볼에 담아서 냉장고에 넣어 놓고 사용한다.

### 판나코타(Panna Cotta)

생크림, 설탕, 바닐라, 젤라틴을 재료로 하여 만든 달콤하고 부드러운 푸딩으로, 이탈리아 피에몬테 지방의 전통 푸딩이다. 판나코타(pannacotta)의 '판나(panna)'는 이탈리아어로 '크림(cream)'을, '코타(cotta)'는 '익힌(cooked)'을 뜻하므로 즉, 판나코타는 '익힌 크림'이라는 의미이다. 판나코타는 개인의 취향에 따라 다양한 과일, 오렌지 소스, 라즈베리 소스, 캐러멜 소스, 커피 소스 등을 곁들여 먹을 수 있다.

# 복분자 젤리

Bokbunja Jelly

## 복분자 젤리 재료

| | |
|---|---|
| 물 | 720g |
| 설탕 | 120g |
| 복분자 엑기스 | 260g |
| 크레아갈 | 20g |

*크레아갈은 해초로부터 추출한 천연물로 만들어진 겔화제.

## 만드는 과정

1. 냄비에 물 설탕을 넣고 끓인다.
2. 크레아갈을 넣고 저어준다.
3. 복분자를 넣고 섞어준다.
4. 식힌 다음 팬에 랩을 깔고 부어서 냉장고에 넣는다.
5. 굳으면 스푼으로 긁어서 글라스에 담는다.

## 젤리(Jelly)

젤리는 젤라틴, 한천, 알긴산 등의 콜로이드성 응고제를 넣어 굳힌 디저트로 다양한 과일 주스, 설탕, 샴페인, 와인 등의 재료를 사용하여 만들 수 있으며, 완성된 제품의 산도(pH)는 2.8~3.3의 범위가 바람직하다. 완전한 젤리는 표면이 반짝거리는 광택을 가지며, 색은 양호하고 용기에서 꺼냈을 때 원형을 유지하여 부서지지 않는 상태가 되어야 한다. 원료 과일의 풍미와 식감을 가지고 있는 것이 중요하다. 현대의 젤리는 여름 상온에서 녹기 쉬운 상태 즉 수분에 3% 정도의 젤라틴을 섞어 만드는 것이 좋다.

# 망고 젤리

Mango Jelly

## 망고 젤리 재료

| 재료 | 용량 |
|---|---|
| 물 | 700g |
| 설탕 | 120g |
| 망고퓌레 | 260g |
| 크레아갈 | 20g |

## 만드는 과정

1. 냄비에 물, 설탕을 넣고 끓인다.
2. 크레아갈을 넣고 저어준다.
3. 망고퓌레를 넣고 섞어준다.
4. 식힌 다음 팬에 랩을 깔고 부어서 냉장고에 넣는다.
5. 스푼으로 긁어서 글라스에 담는다.

# 누가틴 치즈 파르페
## Nougatine Cheese Parfait

### 아몬드 브리틀 재료

| | |
|---|---|
| 설탕 | 150g |
| 물 | 50g |
| 아몬드 | 70g |

### 만드는 과정

**1.** 아몬드를 오븐에서 살짝 구워 놓는다.

**2.** 냄비에 설탕과 물을 넣고 끓인다.

**3.** 시럽 색깔이 브라운색이 되면 아몬드를 섞어준다.

**4.** 실리콘 패드에 부어서 넓게 펴서 굳힌다.

**5.** 잘게 깨어서 반죽에 넣거나 장식물로 사용한다.

# 누가틴 치즈 파르페
Nougatine Cheese Parfait

## 누가틴 치즈 파르페 재료

| | |
|---|---|
| 설탕 | 125g |
| 흰자 | 75g |
| 물 | 75g |
| 아몬드 브리틀 | 100g |
| 크림치즈 | 300g |

## 치즈 파르페 만드는 과정

**1.** 설탕과 물을 냄비에 올려 끓인다.(118℃)

**2.** 흰자 거품을 올린다.

**3.** 흰자에 설탕시럽을 천천히 넣어 이탈리안 머랭을 만든다.

**4.** 머랭이 식으면 세 번에 나누어 크림치즈와 섞는다.

**5.** 아몬드 브리틀을 넣고 섞어준다.

**6.** 준비된 몰드에 채워서 냉동실에 넣는다.

### 누가틴(Nougatine)

누가틴은 슬라이스한 아몬드 또는 헤이즐넛 캐러멜 상태로 조린 당액을 함께 섞어 얇게 밀어 편 것이며, 프렌치 누가(French Nouga)라고도 부른다. 너트 브리틀(Nut Brittle)과 같은 뜻으로 설탕을 캐러멜화하여 각종 견과류와 버터를 섞은 후 식히면 바삭거리고 윤택이 나는 사탕이 된다. 이것을 잘게 부수어 너트 브리틀을 만들거나, 반죽을 얇게 밀어 사각이나 원형 등의 모양으로 자르거나 찍어 디저트 장식물로 사용한다. 반죽이 뜨거울 때 원하는 모양으로 만들 수 있는 특성을 이용해서 각종 공예의 한 부분으로 사용하기도 하고 만들기가 간단하지만 완전히 굳어서 딱딱해지면 자르거나 모양 찍기가 어려우므로 설탕공예용 장갑을 끼고 반죽이 뜨거울 때 빠르게 작업을 해야 한다.

memo

# 홍차 초콜릿 라즈베리 셔벗

Earigray Chocolate Raspberry Sorbet

### 홍차 초콜릿 재료

생크림 ·························· 250g
우유 ···························· 200g
밀크초콜릿 ···················· 500g
홍차 ······························ 10g

### 만드는 과정

**1.** 우유와 생크림에 홍차를 넣고 약한 불에서 천천히 우려낸다.
**2.** 체에 걸러준 다음 끓인다.
**3.** 끓인 홍차를 초콜릿에 붓고 천천히 저어준다.
**4.** 준비된 접시에 채운다.
**5.** 채운 접시를 조심하여 냉장고에 넣는다.
**6.** 굳으면 꺼내어 초코크림을 뿌리고 산딸기 셔벗을 올린다.

# 홍차 초콜릿 라즈베리 셔벗

Earlgray Chocolate Raspberry Sorbet

## 초코크럼 재료

| | |
|---|---|
| 설탕 | 100g |
| 황설탕 | 75g |
| 박력분 | 125g |
| 코코아파우더 | 50g |
| 아몬드파우더 | 75g |
| 버터 | 75g |

## 만드는 과정

**1.** 볼에 가루 재료를 체 친 후 나머지 재료 모두 넣고 섞어준다.

**2.** 두 손으로 비벼서 가루로 만든다.

**3.** 오븐온도 190℃에서 10~12분간 구워준다.

### 셔벗(Sorbet)

셔벗(영어: sorbet 또는 sherbet)은 과즙에 물, 우유, 크림, 설탕 등을 넣고, 아이스크림 모양으로 얼린 빙과이다. 과즙에 설탕, 향이 좋은 양주, 난백 등을 넣고 잘 섞어서 얼려 굳힌 것으로 과즙, 술, 향료로 만든 차가운 디저트이며, 아이스크림과 비슷하나 달걀이나 생크림, 우유 등 유제품이 들어가지 않는다. 프랑스어로는 소르베(sorbet)라고 하며, 정찬 코스에서 입맛을 새롭게 하고자 메인요리가 나오기 전에 나오며, 오늘날은 식후의 디저트로도 많이 쓰고 있다.

memo

# 피치멜바
## Peach Melba

### 피치멜바 재료

복숭아 ························· 3개
(복숭아 시즌에는 후레시 사용)
레몬 ······························1개
설탕 ···························300g
물 ·······························300g
바닐라 빈 ·······················1개
삼페인 ························500g

### 만드는 과정

**1.** 복숭아를 반으로 자른 후 씨를 제거한다.

**2.** 냄비에 설탕, 물, 반으로 자른 레몬, 바닐라 빈을 넣고 끓인다.

**3.** 복숭아를 잘라서 넣고 5~7분간 끓인 후 건져낸다.

**4.** 식혀서 삼페인에 넣고 절인다.

**5.** 준비된 글라스에 바닐라 아이스크림을 넣는다.

**6.** 절인 복숭아를 올린다.

**7.** 휘핑크림을 짜고 장식물을 올린다.

# 피치멜바

Peach Melba

**멜바 소스 재료**

산딸기 퓌레·················200g
설탕 ····················· 70g
레몬즙 ·················· 1/2ea
물 ······················ 20g
전분 ······················ 2g

**만드는 법**

**1.** 산딸기 퓌레에 설탕을 넣고 끓인다.

**2.** 물에 전분을 섞어서 저어가면서 조금씩 부어준다.

**3.** 식혀서 고운체에 내려서 냉장고에 보관하여 사용한다.

**피치멜바(Peach Melba)**

피치멜바 디저트는 바닐라 아이스크림 위에 반으로 자른 복숭아 조각을 시럽에 넣고 삶아 식힌 다음 씨 있는 부분이 밑으로 가게 하여 올리고, 그 위에 라즈베리로 만든 라즈베리 소스를 뿌리고 거품을 낸 생크림이나 구운 아몬드를 장식하여 만든 디저 트이다. 생과일이나 시럽에 삶은 과일, 바닐라 아이스크림, 산딸기 소스가 조화를 이룬 것을 멜바라 부르며, 피치 멜바(peach melba)는 1800년대 후반에 유명한 프랑스 요리사였던 에스코피에(Escoffier)가 오스트레일리아의 인기 있는 오페라 가수였던 넬리에 멜바(Nelie Melba) 부인을 위해 만든 디저트이다.

memo

# 와인에 조린 배 마스카포네
Wine Pear Mascarpone

## 조린 배 재료

배 ························ 1개
쿠킹 레드와인 ········· 1000ml
물 ························· 200g
설탕 ······················· 200g
꿀 ·························· 50g
레몬 ······················ 1개
계피스틱 ·················· 2개
(3cm 정도 길이)

## 기타 준비 재료
마스카포네 치즈

## 만드는 과정

**1.** 배 껍질을 벗긴다.

**2.** 4등분으로 자른 후 씨를 제거한다.

**3.** 다시 잘라서 12조각이 나오게 한다.

**4.** 냄비에 와인, 설탕, 꿀, 레몬, 계피스틱을 넣고 끓인다.

**5.** 끓으면 배를 넣고 중간 불 정도로 배가 익을 때까지 끓인다.

**6.** 식으면 볼에 담아서 냉장고에 넣어두고 필요시 꺼내어 사용한다.

**7.** 조린 배를 접시에 놓고 마스카포네 치즈를 한 스푼 올린다.

## 마스카포네 치즈(Mascarpone Cheese)

마스카포네 치즈는 티라미수 디저트를 만들 때 사용하는 필수적인 재료이며, 이탈리아의 가장 유명한 치즈 중 하나이다. 16세기로 넘어올 무렵에 밀라노 남서쪽 지방에서 만들기 시작했고 부드러운 연질치즈 일종으로, 자연에서 풀, 허브, 등을 뜯어 먹은 소에서 얻은 우유로 만들며, 크림을 데운 뒤, 구연산이나 타르타르산과 섞으면 분리되고 그런 다음에 거친 무명으로 물기를 짜내고 남은 고형물이 바로 마스카포네 치즈이다.

크림을 원료로 사용하기 때문에 지방함량이 55~60%로 높은 고체 크림치즈이며, 이탈리아에서는 일반적으로 크림처럼 사용하거나 보통 디저트로 신선한 과일과 함께 먹는다. 우리나라에서는 티라미수를 만드는 것 외에도 각종 크림류에 섞어서 사용하거나 샌드위치 등 다양하게 사용하고 있다.

# 만다린 무스

## Mandarin Mousse

### 만다린 무스 재료

| | |
|---|---|
| 만다린 퓨레 | 250g |
| 노른자 | 90g |
| 설탕 | 125g |
| 물 | 45g |
| 젤라틴 | 10g |
| 생크림 | 280g |

### 만드는 과정

1. 냄비에 설탕, 물을 넣고 116℃까지 끓인다.
2. 노른자를 저어주면서 끓인 시럽을 부어준다.
3. 얼음물에 불린 젤라틴을 짜서 섞어준다.
4. 만다린 퓨레와 섞어준다.
5. 생크림을 휘핑하여 두세 번에 나누어 섞는다.
6. 준비된 몰드에 반죽을 40% 채운다.
7. 냉동실에서 조금 굳힌 다음 필링을 채워준다.
8. 반죽을 필링 위에 다 채운 다음 냉동실에 넣는다.
9. 굳으면 빼서 만다린 글라사주로 코팅한다.

# 만다린 무스
Mandarin Mousse

## 필링 재료

설탕 ···························· 8g
글로코스 ······················ 15g
펙틴 ·························· 6g
만다린 퓌레 ················· 130g
레몬주스 ······················ 10g

## 만드는 과정

**1.** 물엿, 만다린 퓌레, 레몬주스를 넣고 끓인다.
**2.** 설탕, 펙틴을 섞어서 조금씩 넣으면서 저어준다.

## 만다린 글라사주(Mandarin Glacage)
미루와 뉴트럴 글라사주에 내추럴 오렌지 믹스를 섞어서 색깔 내어 코팅한다.

## 글라사주(Glacage)
로열 아이싱, 퐁당, 초콜릿 같은 설탕옷의 총칭으로 퐁당이나 워터아이싱, 시럽, 초콜릿, 잼, 젤리 등을 바르고 과자의 풍미, 광택, 장식 등 표면이 마르지 않고 광택을 주기 위해서 사용한다.

memo

# 크림 캐러멜

Crème Caramel

## 크림 캐러멜 재료

설탕 ·······························250g
물 ···································40g

### 만드는 과정

1. 냄비에 물, 설탕을 넣고 끓여 캐러멜을 만든다.
2. 준비된 몰드에 캐러멜을 조금씩 부어준다.

## 크림 재료

우유 ······························500g
달걀 ······························230g
설탕 ······························100g
바닐라 빈 ························1개

### 만드는 과정

1. 냄비에 우유와 바닐라 빈을 넣고 뜨겁게 데운다.
2. 볼에 달걀, 설탕을 섞어준다.
3. 데운 우유를 달걀에 부어주면서 저어준다.
4. 고운체에 걸러준다.
5. 준비된 몰드에 반죽을 채운다.
6. 오븐온도 170℃에서 중탕하여 20~25분간 굽는다.

### 크렘 캐러멜(프랑스어: Crème Caramel)

크렘 캐러멜은 크렘 랑베르세라고도 한다. 주로 커스터드 푸딩을 만들 때 사용하는 크림으로 진한 황금색을 띤다. 몰드 바닥에 캐러멜 시럽을 올린 커스터드 디저트로, 윗면에 설탕을 뿌려 캐러멜 층을 올린 크렘 브륄레와 구분된다. 플란(스페인어: flan)이나 캐러멜 푸딩(영어: caramel pudding)이라 불리기도 하며, 캐러멜 소스는 크렘 캐러멜(Crème caramel) 혹은 캐러멜 푸딩에 사용하는 경우, 설탕을 졸여 물만을 섞은 맑은 캐러멜(clear caramel)을 사용한다.

# 티라미수
## Tiramisu

### 티라미수 반죽 재료

마스카포네 치즈··············250
노른자·····················70g
생크림·····················100g
설탕······················50g
물·······················15g
흰자······················50g

### 추가재료

사보이아르디 핑거쿠키

### 티라미수 만드는 과정

**1.** 마스카포네 치즈에 노른자를 넣고 부드럽게 해준다.

**2.** 생크림을 올려 준다.(60%)

**3.** 설탕을 끓여 이탈리안 머랭을 만든다.

**4.** 마스카포네 반죽에 생크림, 이탈리안 머랭을 순서대로 넣고 가볍게 섞는다.

**5.** 준비된 몰드에 반죽을 조금 채운다.

**6.** 핑거쿠키를 커피시럽에 적셔 위에 올리고 반죽을 채운다.

**7.** 냉동실이나 냉장고에서 보관하며, 먹기 전에 코코아파우더 또는 다양한 소스를 뿌려서 먹는다.

**8.** 초코크림을 만들어 올리고 로즈마리와 애플민트를 올린다.

# 티라미수
Tiramisu

## 커피시럽

| | |
|---|---|
| 물 | 500g |
| 설탕 | 40g |
| 맥심커피 | 50g |
| 깔루아 리큐르 | 30g |

## 만드는 과정

1. 물, 설탕, 커피를 넣고 끓인다.
2. 시럽이 식으면 깔루아 리큐르를 섞는다.
3. 티라미수를 조금 만들 때는 시럽을 만들지 않고 에스프레소커피를 내려서 사용한다.

## 초코크럼 재료

| | |
|---|---|
| 설탕 | 100g |
| 황설탕 | 75g |
| 박력분 | 125g |
| 코코아파우더 | 50g |
| 아몬드파우더 | 75g |
| 버터 | 75g |

## 만드는 과정

1. 볼에 가루 재료를 체 친 후 나머지 재료를 모두 넣고 섞어준다.
2. 두 손으로 비벼서 가루로 만든다.
3. 오븐온도 190℃에서 10~12분간 구워준다.
4. 티라미수 윗면은 전통적으로 코코아파우더를 뿌리는데 최근에 와서는 다양한 크럼이나 소스를 만들어 올려서 먹는다.

### 티라미수(Tiramisu)

1980년대에 들어와서 크게 유행한 이탈리아 디저트. 티라미수의 어원은 '끌어올리다'라는 뜻의 '티라레(tirare)', '나를'이라는 뜻의 '미(mi)', 그리고 '위로'라는 뜻의 '수(su)'가 합쳐진 이탈리아어이며, '기분이 좋아진다'는 뜻이다. 하얀 케이크 위에 뿌린 코코아 파우더의 시각적 효과가 뛰어나고 커피, 카카오, 마스카르포네 치즈, 설탕, 달걀 노른자와 흰자 등의 재료로 만들어, '기분이 좋아지다'라는 속뜻처럼 열량과 영양이 높고 부드럽기 때문에 누구나 좋아하며, 전통적인 티라미수에는 코코아 파우더를 뿌리지만 최근에는 다양한 장식으로 제품에 많은 변화를 주고 있다.

memo

# 베이크드 알래스카
Baked Alaska

## 화이트 스펀지 재료

박력분 ···················· 250g
설탕 ······················· 250g
달걀 ······················· 400g
소금 ························· 2g
바닐라 향 ·················· 소량
버터 ························· 50g

### 추가재료
바닐라 아이스크림, 과일

## 만드는 과정

**1.** 믹싱 볼에 달걀을 풀어준 후 설탕, 소금을 넣고 거품을 낸다.

**2.** 박력분을 체 쳐서 뭉치지 않도록 고루 섞어준다.

    ※ 거품기로 반죽을 떠서 떨어뜨려 보았을 때 점성이 생겨 간격을 두고 떨어지면, 저속으로 바꾸어 정지시켰을 때 거품기 자국이 천천히 없어질 때가 적당하다. 이때 반죽은 광택이 나고 힘이 생긴다.

**3.** 중탕으로 용해시킨 버터에 일부 반죽을 혼합한 후 본 반죽에 투입하여 가볍게 혼합하여 반죽을 완료한다.

**4.** 원형 팬에 종이를 깔고 반죽을 60~70%까지 팬닝한다.

**5.** 오븐온도 175℃에서 20~25분간 굽는다.

## 이탈리안 머랭 재료

흰자 ······················· 120g
설탕(A) ···················· 70g
물 ··························· 60g
물엿 ························· 80g
설탕(B) ···················· 100g

## 만드는 과정

**1.** 물, 물엿, 설탕(B)을 118℃까지 끓여 준다.

**2.** 흰자와 설탕(A)을 넣고 거품을 올린다.

**3.** 머랭에 설탕시럽을 천천히 넣어 이탈리안 머랭을 만든다.

# 베이크드 알래스카

Baked Alaska

**베이크드 알래스카 디저트 만들기**

**1.** 모양 틀을 이용하여 스펀지를 둥글게 찍어서 바닐라 아이스크림을 싸
준다.

**2.** 이탈리안 머랭을 올려서 별모양 깍지를 이용하여 짜준다.

**3.** 토치를 이용하여 데커레이션한다.

**베이크드 알래스카(Baked Alaska)**

베이크드 알래스카는 스펀지 케이크를 얇게 자른 후 아이스크림을 얹고 머랭(meringue)으로 싸서 살짝 구운 디저트를 말한다.
특히 구워낸 과자 속에 아이스크림이 들어 있어 먹는 사람에게 빙설로 뒤덮인 알래스카를 구웠다는 의미를 갖는 명칭이다.

memo

# 파인애플 콩포트
## Pineapple Compote

**파인애플 콩포트 재료**

|  |  |
|------|------|
| 파인애플 | 500g |
| 바닐라 빈 | 1개 |
| 설탕 | 250g |
| 물 | 300g |
| 시나몬 스틱 | 1개 |
| 레몬 | 1개 |
| 물 | 20g |
| 전분 | 4g |

**만드는 과정**

1. 파인애플 껍질을 벗긴다.
2. 먹기에 알맞은 사이즈로 자른다.
3. 볼에 물, 설탕, 레몬 껍질, 시나몬 스틱, 바닐라 빈을 넣고 끓인다.
4. 충분히 끓여 레몬, 계피, 바닐라 향이 나게 한다.
5. 물 20g에 전분 4g을 섞어서 넣고 농도가 조금 있게 만든다.
6. 파인애플을 넣고 조금 부드러울 때까지 조린다.
7. 식혀서 냉장고에 보관하며, 필요시 사용한다.
8. 콩포트는 갓 만든 상태에서 따뜻하게 먹어도 좋으며 냉장고에 보관하여 차갑게 먹기도 한다.

# 바나나 스프릿

Banana Split

## 바나나 스프릿 재료

바나나 ·······················1개
바닐라 아이스크림 ·········1스쿱
딸기 아이스크림 ···········1스쿱
초코 아이스크림 ···········1스쿱
동물성 생크림 ··············100g
설탕 ························10g
설탕 장식물

## 만드는 과정

1. 아이스크림 담을 용기는 미리 냉동실에 넣어둔다.
2. 세 가지 아이스크림을 준비한다.
3. 종류별로 1스쿱식 넣는다.
4. 바나나 껍질을 벗기고 반으로 자른 다음 아이스크림에 놓는다.
5. 생크림에 설탕을 넣고 휘핑하여 올린 다음 소스를 뿌린다.

### Tip

아이스크림 위에 다양한 종류의 소스를 뿌려서 먹으면 색다른 맛을 느낄 수 있으며, 바나나를 캐러멜화하여 아이스크림 위에 올려서 먹기도 한다.

### 아이스크림(Ice Cream)

크림을 주원료로 하고 각종 유제품, 설탕, 향료, 유화제, 안정제 및 색소 등 여러 가지 재료를 첨가하여 동결한 빙과의 하나로 영양가가 높고 공기를 균일하게 혼합하여 부드러운 것이 특징이며, 서양요리 디저트로 만들어졌으나 오늘날에는 케이크 등 다양한 기호품으로 더 많이 이용되고 있다. 영양가도 높아 고지방의 것은 100g 당 열량이 200 kcal 정도로, 간식, 디저트, 환자식, 유아식 등으로 사랑을 받고 있다. 1967년의 국제낙농국제규격(IDF) 안에 의하면 유지방분이 8% 이상 함유되어 있는 것은 아이스크림이라 하고, 유지방분이 3% 이상 함유된 것은 밀크아이스로 부르게 되어 있다. 우리나라의 식품위생법에 의하면 유지방 6% 이상을 아이스크림, 2% 이상을 아이스밀크로 규정하고 있다.

# 딸기 드림

Strawberry Dream

## 딸기 드림 재료

딸기 아이스크림············1스쿱
딸기 ························200g
애플민트, 동물성 생크림··· 100g
설탕 ·························10g
피스타치오 ··················1개
초콜릿 장식물 ················1개

## 만드는 과정

**1.** 딸기를 흐르는 물에 씻는다.

**2.** 딸기를 반으로 자른다.

**3.** 준비된 볼에 딸기를 예쁘게 넣는다.

**4.** 딸기 아이스크림을 1스쿱 떠서 놓는다.

**5.** 생크림에 설탕을 넣고 휘핑하여 올린다.

**6.** 애플민트를 올린다.

---
**Tip**

딸기에 약간의 슈거파우더를 뿌리고 취향에 맞는 리큐르를 뿌려서 섞어 만들면 딸기의 달콤한 맛과 리큐르의 향을 느낄 수 있다.

---

### 아이스크림의 역사

아이스크림(ice cream)은 1550년경에 이탈리아에서 최초로 만들어져 유럽 각국으로 전해진 것으로 알려져 있다. 그 당시에는 얼음의 결정입자가 컸으므로 현재의 셔벗과 같은 것이었다. 실제로 크림에 달걀노른자와 감미료를 섞고 휘저으면서 냉동시켜, 현재와 같이 결정입자가 섬세하고 차고 부드러운 제품이 만들어지기 시작한 것은 1774년 프랑스 루이 왕가(王家)의 요리사가 처음인 것으로 전해지고 있다. 처음에는 이것을 크림아이스라 불렀으나, 그 후 크림 외에 우유의 수분을 감축시킨 농축유, 연유 등이 사용되게 되고 냉동제조기계가 진보함으로써 공업적 생산이 발달하게 되었다. 우리나라에서는 1970년대에 빙과제조업이 본격화되어 오늘날의 수준에 달하게 되었다. 세계적으로는 미국에서 가장 많이 생산된다.

# 과일 템테이션

Fruit Temptation

## 과일 템테이션 재료

딸기 아이스크림·············1스쿱
바닐라 아이스크림·········1스쿱
녹차 아이스크림············1스쿱
파인애플, 딸기, 멜론

## 만드는 과정

**1.** 글라스를 미리 냉동고에 넣어 놓는다.

**2.** 과일을 준비한다.

**3.** 과일을 글라스 바닥에 조금 넣는다.

**4.** 아이스크림을 올린다.

**5.** 위쪽에 과일과 식용 꽃을 올린다.

> **Tip**
>
> 과일을 준비하여 좋아하는 소스에 넣고 섞어서 과일쿨리로 만들어서 아이스크림에 올리고 다양한 견과류를 구워서 곁들여도 된다.

## 아이스크림 만드는 법

기본적으로 우유, 생크림, 유제품에 당류 및 향료 그 밖의 부재료를 혼합하여 균질화시키고 살균, 냉각 및 숙성을 거쳐 휘저어서 공기를 함유시킨 다음, 동결시키는 과정을 거쳐서 만든다. 만드는 방법은 크게 자가제조적인 유럽식과 공업적 제조법의 미국식이 있는데, 유럽식은 달걀노른자, 생크림 등을 사용하여 동결될 때까지 충분히 이겨 만듦으로 호화로운 맛이 특징이고, 미국식은 유제품의 특성을 살리고 영양적인 면을 중시하여 깨끗하며, 양적으로 쉽게 먹을 수 있는 품질로 만드는 것이 특징이다. 우리나라에서 유럽식은 고급 레스토랑이나 호텔 등에서 직접 만들고 있으며, 미국식은 아이스크림 공장에서 대량생산되어 전국적으로 보급되고 있다.

# 버뮤다 썬셋

Bermuda Sunset Cup

## 버뮤다 썬셋 재료

### 베일리스 소스

| | |
|---|---|
| 호두 | 30g |
| 망고 셔벗 | 1스쿱 |
| 라즈베리 셔벗 | 1스쿱 |
| 애플민트 | 1개 |
| 초콜릿 장식물 | 1개 |

### 라즈베리 소스

## 만드는 과정

1. 글라스는 미리 냉동실에 넣어 놓는다.
2. 물 100ml와 설탕 100ml를 끓여 식힌 다음 베일리스 소량을 넣고 맛을 낸다.
3. 호두를 오븐에 살짝 구워 놓는다.
4. 글라스에 셔벗을 1스쿱씩 떠 놓는다.
5. 베일리스 소스를 뿌려준다.
6. 호두를 넣는다.
7. 라즈베리 소스를 뿌리고 장식한다.

---

**Tip**

셔벗과 곁들이는 견과류는 호두뿐만 아니라 아몬드, 피칸, 피스타치오 등 다양하게 사용할 수 있다. 견과류는 반드시 구워서 사용한다.

---

### 셔벗(Sherbet)

프랑스에서는 소르베(sorbet)라고 하며, 영어로는 셔벗이라 한다. 그리고 소르베를 거칠게 긁어서 사용하는 이탈리아 디저트 그라니떼(granite)가 있다. 이것은 과즙과 물, 설탕, 리큐르(liqueur) 등을 섞어서 만든 얼음과자를 말하는데, 아이스크림과 다른 점은 달걀과 유지방을 사용하지 않는다는 것이다. 셔벗은 대체로 생선 코스 다음에 제공되어 소화와 입맛을 돋워주며, 종류로는 레몬 셔벗, 오렌지 셔벗, 녹차 셔벗, 샴페인 셔벗, 라즈베리 셔벗 등이 있다.

# 레몬 그라니타

## Lemon Granita

### 레몬 그라니타 재료

레몬 ·························· 2개
설탕 ·························· 120g
물 ···························· 600g

### 만드는 과정

**1.** 레몬을 깨끗이 씻는다.

**2.** 레몬 제스트를 낸다.

**3.** 반으로 잘라서 즙을 짜낸다.

**4.** 고운체에 걸러준다.

**5.** 볼에 물 설탕 레몬 제스트, 레몬즙을 넣고 휘퍼로 저어준다.

**6.** 냉동실에 넣어 놓고 휘퍼로 가끔 한 번씩 저어준다.

**7.** 글라스에 스푼으로 떠 놓는다.

### 그라니타(Granita)

그라니타는 딸기, 레몬, 라임 등의 과일에 설탕, 와인(샴페인), 얼음을 넣고 간 슬러시이다. 이것은 시칠리아 섬에서 유래된 반건조 디저트의 일종으로 프랑스어로는 그라니테(granité)라고 한다. 그라니타는 라임, 레몬, 그레이프 후르츠 등의 과일에 설탕과 와인 또는 샴페인을 넣은 혼합물을 얼려서 만든 이탈리아식 얼음과자로서, 일반적으로 얼리는 과정에서 과립형의 질감을 유지하기 위해 자주 저어준다. 그라니타라는 명칭은 재료로 쓰는 과일의 당도가 낮아 얼리는 동안 얼음 결정체가 많이 생겨 그 모습이 마치 투명한 석영 결정체가 박혀있는 반짝거리는 화강암(granite)을 닮았다고 하여 붙여진 이름이다. 소르베(sorbet)는 당도가 높고 입자가 고운 반면, 그라니타는 신맛과 톡 쏘는 맛이 강하고 입자가 크다.

# 라즈베리 그라니타

Raspberry Granita

## 라즈베리 그라니타 재료

라즈베리 퓌레·············300g
설탕 ······················100g
물 ························200g
레몬 ······················1개

## 만드는 과정

**1.** 라즈베리 퓌레에 물과 설탕을 넣고 저어준다.

**2.** 레몬즙을 내어서 섞어준다.

**3.** 설탕의 입자가 없이 다 녹으면 냉동실에 넣는다.

**4.** 휘퍼를 이용하여 가끔 저어준다.

**5.** 글라스는 미리 냉동실에 넣어 두고 필요시 꺼내어 사용한다.

### 라즈베리(Raspberry)

라즈베리는 쌍떡잎식물 장미목 장미과 나무딸기류의 낙엽관목으로 잔가시가 있으며, 줄기는 대체로 곧게 서 있다. 잎은 어긋나고, 꽃은 흰색으로 피며, 꽃잎과 꽃받침은 5개이다. 열매는 크고 단단하여 무르지 않는 것이 좋으며, 익은 열매는 꽃턱에서 잘 떨어진다. 유럽산과 북아메리카산 등 여러 종이 있으며 열매를 먹기 위하여 재배한다.
유럽에는 불가투스(*Rubus idaeus var. vulgatus*), 미국에서는 스트리고수스(*R. i. var. strigosus*)와 옥시덴탈리스(*R. i. var. occidentalis*)를 주로 재배하며, 열매 색깔에 따라 레드 라즈베리, 블랙 라즈베리, 퍼플 라즈베리로 나뉘는데, 대부분 붉은색 열매가 열리는 레드 라즈베리를 재배하고 있다.

## 핫 디저트
### (Hot Dessert)

체리 주빌레 ........................................ 231

체리 클라푸티 .................................... 235

크레프 슈제트 .................................... 237

퐁당 쇼콜라 ........................................ 241

타르트 타탕 ........................................ 243

애플 코블러 ........................................ 245

초콜릿 수플레 .................................... 249

크렘빌레 ............................................. 251

애플 슈트루델 .................................... 253

자몽 그라탱 ........................................ 257

# 체리 주빌레
Cherries Jubiles

## 비스킷 반죽 재료

슈거파우더 ···················· 100g
흰자 ···························· 100g
버터 ···························· 100g
박력분 ························· 100g

## 만드는 과정

**1.** 부드러운 버터에 슈거파우더를 넣어서 저어준다.

**2.** 흰자를 2~3회 나누어서 넣고 저어준다.

**3.** 체 친 밀가루를 넣고 섞어 반죽을 하고 싸서 냉장고에서 휴지시킨다.

**4.** 팬에 반죽을 놓고 고무주걱으로 얇게 펴서 오븐에서 굽는다. (오븐온도 200~210℃)

**5.** 색깔이 예쁘게 나오면 오븐에서 꺼내어 모양을 접는다.

**6.** 비스킷 안에 바닐라 아이스크림을 놓고 체리 소스를 뿌려준다.

# 체리 주빌레
## Cherries Jubiles

### 체리 소스

버터 ································· 15g
설탕 ································· 30g
다크스위트 체리 ·············· 250g
체리주스 ·························· 150g
전분 ································· 4g
물 ··································· 20g
그랑 마르니에 ··················· 30g

### 만드는 과정

**1.** 프라이팬에 버터와 설탕을 넣고 녹인다.
**2.** 체리 캔에 들어있는 주스를 넣고 끓인다.
**3.** 전분에 물을 넣고 섞어준 다음, 끓인 체리에 넣고 저어서 걸쭉하게 만든다.
**4.** 그랑 마르니에를 넣고 아이스크림 위에 체리 소스를 뿌려서 고객에게 낸다.

### 체리 주빌레(Cherries Jubiles)

다크스위트 체리를 이용하여 만든 디저트로서 버터, 체리, 주스, 리큐르 등을 사용하여 만들고, 향이 좋은 리큐르를 넣어 알코올 성분은 날려 보내고 풍미를 살리며, 술의 증기에 의해 불꽃을 내기도 한다. 고객들에게는 바닐라 아이스크림과 함께 제공함으로써 아이스크림의 차가운 맛과 체리 소스의 뜨거운 맛을 동시에 선사한다.

### 플랑베(Flambees)

과일을 주재료로 해서 뜨겁게 만들어지는 것을 앙뜨레메라 하는데, 과일에 설탕, 버터, 과일, 주스, 리큐르 등으로 조리하는 것이다. 뜨거운 것과 찬 것을 조화시켜 만드는 것으로 대부분 럼주를 따뜻하게 데워 그 위에 뿌리면서 프라이팬을 기울여 아래부분에 대면 불꽃이 올라붙는다. 종류로는 바나나 플랑베, 피치 플랑베, 파인애플 플랑베, 체리 플랑베 등이 있다.

memo

# 체리 클라푸티
## Cherry Clafoutis

### 체리 클라푸티 재료

| | |
|---|---|
| 달걀 | 2개 |
| 설탕 | 40g |
| 박력 | 20g |
| 생크림 | 200ml |
| 우유 | 50ml |
| 체리 | 30개 |
| 슈거파우더 | 30g |

### 추가재료

버터, 슈거파우더

### 만드는 과정

**1.** 체리에 들어있는 씨를 제거한다.

**2.** 슈거파우더를 체리에 넣고 섞어준다.

**3.** 달걀을 풀어준 다음 체 친 밀가루를 섞는다.

**4.** 설탕, 생크림, 우유를 넣고 덩어리가 생기지 않도록 섞어준다.

**5.** 준비된 볼에 버터를 바르고 체리를 넣는다.

**6.** 반죽을 체에 걸러서 넣어 준다.

**7.** 오븐온도 170~175℃에서 30~40분간 굽는다.

**8.** 오븐에서 나오면 슈거파우더를 살짝 뿌려서 제공한다.

### 클라푸티(Clafoutis)

클라푸티는 프랑스 가정에서 자주 만들어 먹는 과일 디저트 메뉴로서 체리, 블루베리, 살구, 무화과 등의 과일을 넣고 달콤한
크림과 함께 굽는 프랑스의 전통적인 구운 디저트다. 부드러운 크림과 상큼한 맛을 느낄 수 있다.

# 크레프 슈제트

Crepe Suzette

## 크레프 재료

버터 ······················· 40g
설탕 ······················· 25g
달걀 ······················ 120g
박력분 ···················· 75g
우유 ······················ 200g

## 만드는 과정

**1.** 버터를 녹인 후 설탕을 넣고 저어준다.
**2.** 달걀을 넣고 저어준다.
**3.** 체 친 밀가루를 넣고 덩어리지지 않도록 섞어준다.
**4.** 우유를 넣고 섞어준 다음 반죽을 체에 걸러준다.
**5.** 프라이팬에 반죽을 조금 넣고 최대한 얇게 부친다.

# 크레프 슈제트
Crepe Suzette

## 오렌지 소스 재료

| | |
|---|---|
| 오렌지 | 1개 |
| 오렌지주스 | 200g |
| 설탕 | 50g |
| 그랑 마르니에 | 30g |

## 만드는 과정

**1.** 오렌지 껍질을 벗기고 오렌지를 잘라 낸다.

**2.** 냄비에 설탕을 넣고 캐러멜화한다.

**3.** 오렌지주스를 넣고 캐러멜화된 설탕과 섞어준다.

**4.** 자른 오렌지를 넣어준다.

**5.** 그랑 마르니에를 넣는다.

**6.** 크레프에 오렌지를 넣고 접어서 접시에 놓는다.

**7.** 오렌지 소스를 위에 뿌린다.

## 크레프(Crepes)

비단 천이라는 뜻을 가진 크레프는 밀가루나 메밀가루 반죽을 얇게 부치고 그 안에 다양한 속재료를 넣어서 싸먹는 프랑스 요리로 세계적으로 알려진 디저트다. 미리 만들어진 팬케이크에 설탕, 오렌지, 레몬즙, 리큐르, 브랜디 등을 사용하여 고객 앞에서 직접 플랑베 서비스한다. 크레프는 단맛이 나는 반죽으로 만든 크레프 쉬크레(crepes sucrees)와 달지 않는 크레프 살레(crepes salees)가 있다. 아이스크림을 싸서 내기도 하지만 더운 디저트가 제 맛을 낸다. 종류로는 크레프 슈제트(crepes suzett), 밀 크레프, 크레프 수플레 등이 있다.

memo

# 퐁당 쇼콜라

Fondant au Chocolate

## 퐁당 쇼콜라 재료

박력분·····················66g
버터······················120g
다크초콜릿·················130g
달걀······················280g
설탕······················160g
소금·························2g
코코아파우더···············10g

## 추가재료

다크초콜릿, 슈거파우더

## 만드는 과정

**1.** 달걀을 풀어준다.

**2.** 설탕, 소금을 넣고 거품을 조금 올려준다.

**3.** 버터 초콜릿을 녹여 넣고 섞어준다.

**4.** 체 친 밀가루, 코코아파우더를 넣고 섞어준다.

**5.** 반죽이 완성되면 랩을 싸서 상온에서 1시간 정도 휴지시킨다.

**6.** 몰드에 30% 채운다.

**7.** 중간에 다크초콜릿을 조금 넣어준다.

**8.** 반죽을 채워서 오븐온도 180℃에서 8~10분간 굽는다.

**9.** 오븐에서 내면 준비된 접시에 놓고 슈거파우더를 조금 뿌려서 제공한다.

## 퐁당 쇼콜라(Fondant au Chocolate)

퐁당 쇼콜라는 프랑스의 대표적인 디저트로서 초콜릿이 녹아서 흘러내리는 케이크이다. 여기서 퐁당(fondant)은 프랑스어로 '녹아내린다(melt)'라는 의미이고, 쇼콜라(chocolat)는 초콜릿을 뜻한다.

완성된 케이크는 포크로 가르면 안쪽에 있던 초콜릿이 흘러내리게 되는데, 뜨겁게 먹어야 고유의 제맛을 느낄 수 있다.

# 타르트 타탕

Tarte Tatin

## 크러스트(Crust) 재료

박력분 ························200g
버터 ·······················100g
설탕 ··························8g
우유 ·······················100g
사과 작은 것 ···················3개
버터 ··························50g
황설탕 ······················100g

## 만드는 과정

**1.** 체 친 박력분에 버터 100g을 넣고 비벼서 보슬보슬한 상태로 만든다.
**2.** 중앙에 구덩이처럼 파고 설탕, 우유를 섞은 재료를 넣고 가볍게 섞어 준다.
**3.** 비닐에 싸서 냉장고에서 휴지시킨다.
**4.** 사과 껍질을 벗기고 반으로 자른다.
**5.** 씨를 제거한다.
**6.** 타르트 팬에 황설탕을 뿌려준다.
**7.** 씨를 제거한 사과의 홈 부분에 버터를 조금 넣은 후 팬에 넣는다.
**8.** 크러스트를 밀어서 몰드로 찍어 씌운다.
**9.** 오븐온도 200℃에서 20~30분간 굽는다.
**10.** 준비된 접시에 타르트를 뒤집어 뺀다.

## 타르트 타탕(Tarte Tatin)

타르트 타탕은 프랑스 상트르(Centre) 지방의 애플 타르트를 말하는데, 가정에서도 쉽게 만들어 먹을 수 있는 프랑스의 대표적인 디저트이다. 사과를 자른 다음 씨를 제거하고 몰드에 버터와 설탕을 넣고 반죽을 덧씌워 오븐에 굽기 때문에 위아래가 뒤집힌 '업사이드다운 애플 타르트(upside-down apple tart)'라 불리기도 한다. 구운 후에 타르트를 뒤집으면 잘 익은 사과에 버터와 설탕이 녹아내림으로써 갈색의 캐러멜 토핑을 형성하게 된다. 프랑스 루아르 밸리(Loire Valley)에 있는 라모트-뵈브롱(Lamotte-Beuvron) 마을에서 레스토랑을 운영하던 타탕 자매가 처음 개발한 것으로 알려져 있다. 오늘날에는 전 세계 대부분의 프랑스 레스토랑에서 디저트 메뉴로 나오고 있다.

# 애플 코블러

## Apple Cobbler

### 애플 코블러 재료

| | |
|---|---|
| 설탕 | 150g |
| 버터 | 150g |
| 물엿 | 20g |
| 박력분 | 250g |
| 베이킹파우더 | 4g |

### 추가재료

| | |
|---|---|
| 버터 | 30g |

### 만드는 과정

**1.** 볼에 설탕, 물엿, 버터를 넣고 부드럽게 저어서 크림화시킨다.

**2.** 박력분과 베이킹파우더를 체 친 후 섞어준다.

**3.** 두 손으로 가볍게 비벼준다. (소보로를 만드는 것처럼 한다.)

# 애플 코블러
## Apple Cobbler

### 충전물 재료

| | |
|---|---|
| 사과 | 2개 |
| 크랜베리 | 70g |
| 계핏가루 | 2g |
| 황설탕 | 50g |
| 전분 | 10g |
| 럼 | 30g |
| 레몬 | 1개 |
| 버터 | 20g |

### 만드는 과정

1. 크랜베리와 럼을 섞어서 미리 전처리해 놓는다.
2. 사과 껍질을 벗기고 깍둑썰기한 뒤 황설탕과 전분, 계핏가루, 레몬즙을 넣고 섞는다.
3. 전처리한 크랜베리를 섞어준다.
4. 준비된 볼에 버터를 바르고 충전물을 채운다.
5. 만들어 놓은 파이 크럼을 뿌려준다.
6. 오븐온도 175~180℃에서 20~25분간 갈색이 날 때까지 굽는다.

### 코블러(Cobbler)

코블러는 과일 파이의 종류 중 하나다. 깊은 그릇에 과일을 담아서 구운 디저트로 그 위에 설탕 뿌린 두꺼운 비스킷을 얹은 것이다. 포도주나 럼, 위스키 등의 술에 과일 주스와 설탕을 섞어 만든 전통적인 펀치로 박하와 귤 조각으로 장식한다.

memo

# 초콜릿 수플레
## Chocolate Souffle

### 초콜릿 수플레 재료

| | |
|---|---|
| 다크초콜릿 | 100g |
| 우유 | 80g |
| 설탕 | 20g |
| 달걀노른자 | 2개 |
| 박력분 | 30g |
| 코코아파우더 | 20g |
| 바닐라 에센스 | 소량 |
| 머랭 흰자 | 2개 |
| 설탕 | 60g |

### 추가재료

버터, 설탕, 슈거파우더

### 만드는 과정

**1.** 수플레 컵 안쪽에 버터를 바르고 설탕을 뿌려서 묻혀준다.

**2.** 우유를 냄비에 넣고 불에 올려 살짝 끓기 직전까지 데운다.

**3.** 우유를 초콜릿에 넣고 저어준다.

**4.** 노른자와 설탕을 넣고 잘 섞어준다.

**5.** 박력분을 체 쳐서 넣고 섞어준다.

**6.** 흰자를 물기 없는 깨끗한 볼에 넣고 풀어준 후, 설탕을 두 번에 나누어 넣으면서 단단한 머랭을 만든다.

**7.** 머랭을 두 번에 나누어서 섞어준다.

**8.** 준비해 놓은 수플레 컵에 반죽을 담아 180도로 예열된 오븐에 넣고 15~20분 정도 굽는다.

**9.** 오븐에서 꺼내자마자 슈거파우더를 뿌려 고객에게 제공한다.

### 수플레(Souffle)

수플레는 '부풀다'라는 뜻의 프랑스어이며, 달걀흰자로 거품을 낸 것에 그 밖의 재료를 섞어서 부풀린 후 오븐에 구워낸 프랑스 디저트다. 구운 수플레는 뜨거운 공기가 오븐에서 꺼내자마자 빠져나가기 때문에 식으면 쭈그러들므로 구워낸 즉시 제공되는 대표적인 고급 디저트다. 수플레는 크게 세이보리 수플레(savory souffle)와 스위트 수플레(sweet souffle)로 나눈다. 수플레는 모양이 그대로 부풀어 오른 푸딩으로 그 상태가 오래 유지되어야 하고 생동감이 있어야 하기 때문에 너무 깊지 않은 은제 그릇이나, 자기, 도기 또는 두꺼운 유리그릇을 사용한다. 종류로는 초콜릿 수플레, 레몬 수플레, 아몬드 수플레, 바닐라 수플레, 애플 수플레, 바나나 수플레 등이 있다.

# 크렘빌레

## Creme Brulee

### 크렘빌레 재료

| | |
|---|---|
| 우유 | 250g |
| 생크림 | 250g |
| 설탕 | 75g |
| 전란 | 75g |
| 노른자 | 100g |
| 바닐라 빈 | 1개 |

### 추가재료

황설탕

### 만드는 과정

**1.** 냄비에 우유, 생크림, 설탕, 바닐라 빈을 넣고 끓인다.

**2.** 끓인 재료를 달걀에 부어주면서 저어준다.

**3.** 고운체로 걸러서 불순물을 제거한다.

**4.** 준비된 몰드에 반죽을 90% 채운다.

**5.** 표면에 토치로 거품이 없도록 제거한다.

**6.** 팬에 따뜻한 물을 조금 채워서 반 정도 잠기게 하여 중탕으로 굽는다.

**7.** 오븐온도 150℃에서 30~35분 정도 굽는다.

**8.** 식은 뒤 먹기 직전 황설탕을 뿌리고 토치로 캐러멜라이징한다.

### 크렘빌레(Creme Brulee)

브륄레는 '타다(burn)'라는 뜻의 프랑스어인 브륄레르(brûler)에서 파생된 단어로, 크렘 브륄레(crème brûlée)는 글자 그대로 '불에 탄 크림(brunt cream)'이라는 뜻이며, 프랑스의 대표적인 디저트 중 하나이다. 바닐라 향을 더한 차가운 크림 커스터드 (custard) 위에 유리처럼 얇고 파삭한 캐러멜 토핑을 얹어서 만든다. 프랑스 외에 스페인과 영국에도 비슷한 요리가 있으나 현 대적인 크렘 브륄레의 레시피는 1982년 프랑스 출신의 셰프 알랭 셀락(Alain Sailhac)이 개발하였다. 차가운 크림 커스터드와 따뜻한 캐러멜 토핑이 이루는 차갑고 따뜻한 온도, 달고 쓴맛, 부드럽고 파삭한 식감의 대조가 특징이다. 최근에는 바닐라 맛 외에 초콜릿, 치즈, 과일 퓌레를 사용한 다양한 맛을 지닌 크렘 브륄레의 레시피가 나오고 있으며, 전 세계 대부분의 프렌치 카 페나 레스토랑에서 단골 디저트 메뉴로 제공하고 있다.

# 애플 슈트루델

Apple Strudel

## 애플 슈트루델 반죽 재료

| | |
|---|---|
| 강력 | 250g |
| 설탕 | 10g |
| 소금 | 5g |
| 버터 | 12g |
| 달걀 | 50g |
| 우유 | 100g |
| 노른자 | 20g |

### 추가재료

슈거파우더

## 사과 필링 재료

| | |
|---|---|
| 사과 | 3개 |
| 크랜베리 | 70g |
| 계피파우더 | 2g |
| 레몬주스 | 4g |
| 살구혼당 | 70g |
| 케이크 스펀지 가루 | 200g |

### 만드는 과정

**1.** 전 재료를 넣고 반죽한다.

**2.** 반죽이 매끈할 때까지 반죽한다.

**3.** 100g씩 분할하여 올리브 오일을 바르고 랩으로 싸서 냉장고에 넣는다.

### 만드는 과정

**1.** 사과 껍질을 벗긴다.

**2.** 사과를 잘게 슬라이스하여 자른다.

**3.** 볼에 사과, 계피파우더, 레몬주스, 그랜베리, 살구 혼당을 넣고 섞어준다.

## 바닐라 소스 재료

| | |
|---|---|
| 우유 | 380ml |
| 설탕 | 55g |
| 달걀노른자 | 2개 |
| 바닐라 스틱 | 1개 |

### 만드는 과정

**1.** 우유에 반으로 갈라 긁은 바닐라 빈을 넣고 불에 올려 끓기 직전까지 데운다.

**2.** 큰 자루냄비에 노른자와 설탕을 넣고 거품기로 섞어 크림농도가 되게 젓는다(2~3분).

**3.** ②에 따뜻한 우유의 반을 부어주며 빠르게 섞은 뒤 다시 우유 냄비에 붓고 불에 올린다.

**4.** 나무주걱으로 저으며 85~90도의 온도가 될 때까지 익혀 농도가 되면 내려서 빨리 얼음물 위에 올리고 저어주며 식힌다.

**5.** 가능하면 식은 뒤 바로 냉장고에 넣어야 하며, 빠른 시간 내에 사용하는 것이 좋다.

# 애플 슈트루델

Apple Strudel

### 애플 슈트루델 만드는 과정

**1.** 반죽을 밀대로 밀어 편다.

**2.** 손등으로 늘려서 최대한 얇게 한다.

**3.** 버터를 녹여서 바른다.

**4.** 케이크 스펀지를 바닥에 깔아준다. (카스텔라, 스펀지 케이크 등 굵은 체에 내려서 사용)

**5.** 충전물을 올리고 말아준다.

**6.** 반죽 윗면에 버터를 바른다.

**7.** 오븐온도 210℃에서 20~25분간 굽는다.

**8.** 오븐에서 굽기 시작하여 색깔이 나면 중간에 한두 번 버터를 바른다.

**9.** 식힌 다음 잘라서 접시에 올리고 바닐라, 소스, 슈거파우더를 뿌린다.

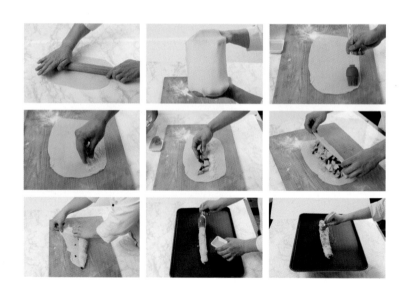

### 압펠슈트루델(Apfelstrudel)

압펠슈트루델은 사과를 위주로 한 충전물을 싸서 구운 슈트루델. 종이장처럼 얇은 페이스트리 안에 버터를 녹여서 바르고 사과와 건포도, 시너먼 등을 채워 구운 파이의 한 종류로 오스트리아의 대표적인 디저트이다.

압펠슈트루델(apfelstrudel)은 독일어로 "사과"라는 뜻의 '아펠(apfel)'에 "얇게 늘인 반죽에 과일을 말아 구운 페이스트리"를 뜻하는 '슈트루델(strudel)'이 붙어서 완성된 이름으로 사과를 넣어 만든 슈트루델을 의미한다. 독일 어디에서나 볼 수 있는 디저트이며, 우리나라에서도 바닐라 소스와 함께 많이 이용되고 있는 디저트이다.

memo

# 자몽 그라탱

## Grapefruit Gratin

### 자몽 그라탱 재료

자몽 ···························· 2개
버터 ···························· 50g
황설탕 ·························· 50g

### 만드는 과정

**1.** 자몽 껍질을 벗긴다.

**2.** 자몽 속을 자른다.

**3.** 준비된 몰드에 버터를 바르고 황설탕을 뿌린다.

**4.** 자몽을 몰드에 채운다.

**5.** 사바용 반죽을 자몽 위에 올린다.

**6.** 오븐온도 200℃에서 15분 정도 굽거나 가스토치를 사용하여 색깔을 낸다.

### 그라탱(Gratin)

주재료인 과일을 올려놓고 그 위에 이태리식 소스(Sabayon Sauce)를 올려 오븐에 구워 내는 것을 그라탱(Gratin)이라 하는데 아이스크림 또는 셔벗을 올려놓거나 같이 구워 내기도 한다. 종류로는 로얄 그라탱, 과일 그라탱과 셔벗이 있다.

# 자몽 그라탱
Grapefruit Gratin

## 사바용 재료

| | |
|---|---|
| 달걀노른자 | 4ea |
| 설탕(A) | 40g |
| 화이트 와인 | 20ml |
| 바닐라 에센스 | 소량 |
| 생크림 | 100g |
| 설탕(B) | 10g |

## 만드는 법

1. 중탕으로 올린 큰 볼에 노른자와 설탕(A)을 넣고 거품기로 빠르게 섞어 크림 농도가 되게 한다.
2. 여기에 와인을 넣고 계속 휘저어서 부드럽고 걸쭉한 농도가 되게 하여 국자로 떠올렸을 때 리본 모양으로 떨어지면 바닐라 에센스를 몇 방울 첨가한다.
3. 생크림에 설탕(B)을 넣고 휘핑하여 섞어준다.
4. 이소말트 설탕을 녹여서 장식에 사용한다.

### 사바용 소스(Sabayon Sauce)

노른자와 설탕을 중탕하여 거품을 낸 다음, 여기에 화이트 와인을 더한 크림을 사바용이라고 하는데, 와인 대신에 리큐르, 삼페인, 생크림 등을 사용하기도 한다. 이 소스는 후식의 색을 내는 데 자주 이용되며 주재료가 달걀노른자와 설탕이므로 과일 디저트에 많이 사용되고 있다.

memo

# 타르트

레몬 머랭 타르트 ················· 265

크림치즈 타르트 ················· 271

자몽 타르트 ··················· 275

고구마 타르트 ·················· 279

체리 타르트 ··················· 283

피칸 초콜릿 타르트 ··············· 287

초콜릿 타르트 ·················· 291

엥가디너 타르트 ················· 295

# 타르트
## (Tart)

타르트(tart)는 얇은 원형이나 사각형 등의 다양한 틀에 파트 브리제(pâte brisée, 반죽형 파이 반죽) 등의 반죽을 깔고 과일이나 크림을 채워서 구운 과자를 말한다. 프랑스어로는 타르트, 이탈리아어로는 토르타라고 하며, 영국과 미국에서는 타트라는 명칭으로 부르고 있다. 타르트는 모두 똑같지 않고 나라마다 반죽과 모양이 약간씩 다르며, 소형의 타르트는 타르틀레트(tartelet)라고 한다. 또한 타르트를 플랑(프랑스어로 flan)이라고 부르기도 하는데, 플랑은 밀가루, 달걀, 크림으로 만들어서 쪄낸 과자의 일종으로 접시 형상의 반죽에 충전물을 채운다는 것이 타르트와 동일하다. 그러나 플랑은 원형만으로 만들어지는 반면, 타르트는 원형 외에도 다른 형상으로 만들어진다는 점에 있어서는 약간 다르다고 할 수 있다. 프랑스에서는 타르트를 만들 때 두 가지 방법을 많이 사용한다. 한 가지는 반죽을 틀에 깔고 구워 낸 다음 과일이나 크림을 채워서 다시 굽는 방법이고, 또 한 가지는 반죽을 틀에 깐 다음 바로 그 상태에서 크림을 채워서 굽는 방법이다.

타르트는 프랑스에서 많이 만들어지고 있으며, 반죽은 파트 쉬크레, 파트 브리제, 파트 사브레 등이 사용되고 과일의 이름을 딴 명칭들을 많이 사용한다.

## 타르트 역사

타르트의 발상지는 확실하지는 않으나 독일에서 처음 구워진 것이 16세기경부터였다고 전해지고 있으며, 고대 게르만족이 태양의 형상을 본떠 하지 축제 때에 평평한 원형의 과자를 구운 것이 시초였으며, 중세에 들어서면서 교회 축제 때마다 타르트류가 등장했다고 알려져 있다. 프랑스에서는 15세기 후반부터 16세기 후반에 걸쳐서 만들어지게 되었고, 현재와 같은 인기를 누리게 된 것은 19세기부터이다.

### ❶ 프랑스 타르트

전 세계적으로 볼 때 프랑스에서 많이 만들어지며, 반죽으로는 파트 쉬크레, 파트 브리제, 파트 사브레 등이 사용된다. 타르트 오 프레즈, 타르트 오 시트롱 등 과일의 이름을 딴 명칭을 많이 사용한다.

### ❷ 독일과 오스트리아의 토르테

독일과 오스트리아에는 많은 종류의 토르테가 있으며, 재료의 종류나 모양에 따라 명칭이 제각각이다. 대표적인 것으로는 린처 토르테가 있다.

### ❸ 미국과 영국의 타트

미국과 영국에서는 타트와 비슷한 애플파이, 피칸파이, 호박파이 등 파이류가 많이 만들어지고 있다. 사용하는 반죽은 크림이나 과일 등 속에 들어가는 충전물에 따라서 달라지는데, 과일을 사용할 때는 단맛이 나는 파트 쉬크레를 사용한다.

### ❹ 이탈리아의 토르타

이탈리아에는 짠맛과 단맛의 두 종류 토르테가 있는데, 충전물을 채워서 굽는다는 점에 있어서 다른 나라들과 유사하다. 짠맛이 나는 토르타는 요리로 만든 것이 대부분이고, 영양을 고려해서 만들어진 토르타가 비교적 많다는 것이 특징적이다.

타르트는 계절에 따라 제철에 맞는 여러 가지 과일을 이용하여 만들 수가 있으며, 건강에 좋다고 알려져 있는 많은 종류의 견과류를 이용하기도 하고 달콤한 초콜릿이나 상큼한 레몬 크림 등도 많이 사용한다.

# 레몬 머랭 타르트

Lemon Meringue Tart

## 파트 사브레 재료

버터 ·······················350g
설탕 ·······················180g
달걀 ·························1개
박력분 ·····················530g
베이킹파우더 ···············6g

## 만드는 과정

**1.** 상온에 둔 부드러운 버터에 설탕을 넣고 주걱으로 섞어준다.

**2.** 달걀을 2~3회에 나누어서 넣으면서 저어준다.

**3.** 체 친 박력분과 베이킹파우더를 넣고 주걱으로 가볍게 섞어준다.

**4.** 완성된 반죽을 비닐에 싸서 평평하게 만들어 냉장고에서 휴지시킨다.

**5.** 휴지시킨 반죽을 꺼내어 밀어서 타르트 크기에 맞게 자른다.

**6.** 자른 반죽을 타르트 틀에 넣고 모양을 만들어 준다.

**7.** 유산지 종이를 깔고 쌀 또는 콩, 팥을 넣고 오븐온도 200℃에서 굽는다.

**8.** 오븐에서 타르트 껍질 부분이 색깔나면 꺼내어 채운 내용물을 제거하고 다시 오븐에 넣어서 색깔을 고르게 낸다.

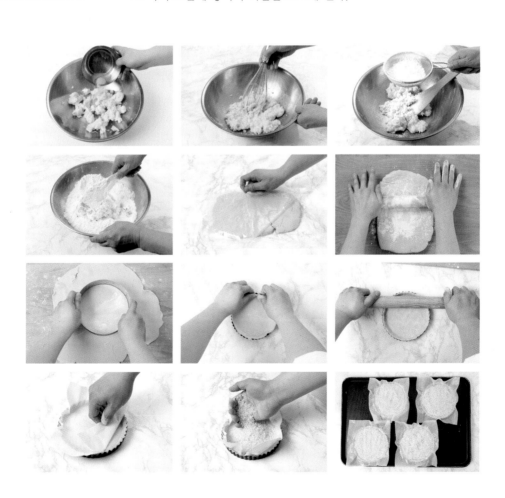

# 레몬 머랭 타르트
Lemon Meringue Tart

## 레몬 크림 재료

설탕 ···························· 75g
노른자 ························ 100g
레몬주스 ····················· 100g
젤라틴 ························· 2g

## 만드는 과정

**1.** 노른자와 설탕을 섞어 놓는다.

**2.** 레몬주스를 끓여 노른자에 넣고 크렘 앙글레이즈를 만든다.

**3.** 크림이 뜨거울 때 얼음물에 불린 젤라틴을 넣고 저어준다.

**4.** 구워놓은 타르트 비스킷에 화이트초콜릿을 바른다.

**5.** 레몬 크림을 비스킷에 채운다.

**6.** 이탈리안 머랭을 올리고 토치로 색깔을 낸다.

memo

# 레몬 머랭 타르트
### Lemon Meringue Tart

## 이탈리안 머랭

| | |
|---|---|
| 흰자 | 120g |
| 설탕(A) | 70g |
| 물 | 60g |
| 물엿 | 80g |
| 설탕(B) | 100g |

## 만드는 과정

**1.** 물, 물엿, 설탕(B)을 118℃까지 끓여 준다.

**2.** 흰자와 설탕(A)을 넣고 거품을 올린다.

**3.** 머랭에 설탕시럽을 천천히 넣어 이탈리안 머랭을 만든다.

※ 레몬의 상큼한 맛과 버터의 고소한 맛, 설탕의 단맛이 어우러진 종합선물세트 같은 타르트이다. 레몬의 끝맛이 입안을 깔끔하게 정리해 준다.

## 레몬 머랭 타르트(Lemon Meringue Tart)

머랭의 부드러운 맛과 레몬의 상큼한 맛이 어우러져 있는 타르트. 먹기 전에 전해지는 레몬향은 마음까지 시원하게 느껴지게 하고 부드러운 머랭의 촉감은 입안에서 사르르 녹는다. 충전물로 사용되는 레몬 크림은 타르트 안에서 굳은 상태로 제공되어야 제 맛을 낼 수 있는데, 신맛이 강하기 때문에 일반적으로 이탈리안 머랭을 위에 올려서 장식한다.

memo

# 크림치즈 타르트
## Cream Cheese Tart

### 슈거도 재료

| | |
|---|---|
| 설탕 | 100g |
| 버터 | 200g |
| 박력분 | 300g |
| 소금 | 1g |
| 베이킹파우더 | 2g |
| 달걀 | 1개 |

### 만드는 과정

**1.** 설탕, 소금과 포마드 상태의 버터를 섞어서 부드럽게 해준다.

**2.** 달걀을 넣고 섞어준다.

**3.** 체 친 밀가루와 베이킹파우더를 넣고 반죽한다.

**4.** 반죽을 비닐에 싸서 냉장고에서 휴지시킨다.

**5.** 냉장고에서 반죽을 꺼내어 밀대로 밀어서 몰드에 맞게 반죽을 깔아 준다.

**6.** 포크나 도구를 이용하여 반죽표면에 구멍을 내준다.

# 크림치즈 타르트
## Cream Cheese Tart

### 치즈반죽 재료

|  |  |
| --- | --- |
| 크림치즈 | 340g |
| 설탕 | 125g |
| 달걀 | 3개 |
| 박력분 | 40g |
| 전분 | 20g |
| 레몬 | 1개 |
| 생크림 | 80g |

### 만드는 과정

**1.** 비스킷 반죽은 3~4mm로 밀어 팬에 깔아 놓는다.

**2.** 크림치즈와 설탕을 섞어서 저어가면서 부드럽게 해준다.

**3.** 달걀을 하나씩 넣어 주면서 저어준다.

**4.** 레몬 제스트와 레몬즙을 넣고 저어준다.

**5.** 박력분과 전분을 체 쳐서 넣고 섞어준다.

**6.** 생크림을 휘핑하여 섞어준다.

**7.** 반죽을 3~4mm로 밀어서 준비된 몰드에 깔아준다.

**7.** 비스킷 팬에 반죽을 90% 채운다.

**8.** 오븐온도 170~180℃에서 20~25분간 굽는다.

### 크림치즈(Cream Cheese)

우유와 생크림을 원료로 한 숙성시키지 않은 생치즈로 은은한 신맛과 부드러운 맛을 지닌 연질 치즈이다. 특히 미국에서 인기 있는 치즈이며, 일반 치즈와 다르게 짠맛 대신 약간 신맛이 나고 끝 맛이 고소하다. 수분 함량이 높고 지방이 45% 이상 들어 있으며, 자연 치즈라 쉽게 변할 수 있으므로 냉장고에 보관해야 한다. 치즈 케이크, 디저트, 베이글, 카나페, 샌드위치, 샐러드 등 많은 곳에서 다양하게 사용하기 때문에 호텔에서 사용량이 많다.

memo

# 자몽 타르트
## Grapefruit Tart

### 슈거도 재료

| | |
|---|---|
| 설탕 | 100g |
| 버터 | 200g |
| 박력분 | 300g |
| 소금 | 1g |
| 베이킹파우더 | 2g |
| 달걀 | 1개 |

### 기타재료

화이트초콜릿, 자몽

### 만드는 과정

**1.** 설탕, 소금과 포마드 상태의 버터를 섞어서 부드럽게 해준다.

**2.** 달걀을 넣고 섞어준다.

**3.** 체 친 밀가루와 베이킹파우더를 넣고 반죽한다.

**4.** 반죽을 비닐에 싸서 냉장고에서 휴지시킨다.

**5.** 반죽을 2~3mm로 밀어서 준비된 타르트 몰드에 깔아준다.

**6.** 포크로 구멍을 낸 다음 냉장고에 1시간 휴지시킨다.

**7.** 오븐온도 200℃에서 10~12분 정도 구워 낸다.

**8.** 타르트 몰드가 작은 사이즈로 만들 경우는 반죽 두께를 조금 더 얇게 밀고 빨리 구워 내야 한다.

**9.** 타르트 비스킷이 식으면 화이트초콜릿을 녹여서 바른다.

**10.** 커스터드 크림을 짤주머니에 담아서 짜준다.

**11.** 자몽을 잘라서 올려 장식한다.

# 자몽 타르트
Grapefruit Tart

## 커스터드 크림 재료

우유 ····················· 450g
버터 ······················ 30g
노른자 ······················ 4개
설탕 ····················· 110g
박력분 ····················· 55g
소금 ························· 1g
바닐라 빈 ····················· 1개
그랑 마르니에 ················ 15g

## 만드는 과정

**1.** 바닐라 빈 껍질의 한 면을 자른 다음, 씨를 발라서 껍질과 같이 우유에 넣고 약한 불에서 끓기 직전까지 데운다.

**2.** 달걀노른자에 설탕과 소금을 넣고 저어준다.

**3.** 체 친 밀가루를 섞어준다.

**4.** 데운 우유를 2~3번에 나누어 넣으면서 섞어준다.(바닐라 빈 껍질은 제거해준다.)

**5.** 다시 불 위에 올려 되직한 상태가 될 때까지 거품기로 저어준다.

**6.** 불에서 내린 후 조금 있다가 버터를 넣고 섞어준다.

**7.** 완전히 식으면 그랑 마르니에를 섞어준다.

memo

# 고구마 타르트
## Sweet Potato Tart

### 슈거도 재료

|  |  |
|------|------|
| 설탕 | 100g |
| 버터 | 200g |
| 박력분 | 300g |
| 달걀 | 1개 |

### 만드는 과정

**1.** 버터를 부드럽게 해준다.

**2.** 설탕을 넣고 저어준다.

**3.** 달걀을 넣고 저어준다.

**4.** 체 친 밀가루를 넣고 반죽한다.

**5.** 반죽을 비닐에 싸서 냉장고에 넣는다.

**6.** 반죽을 밀어서 팬에 올리고 모양을 낸다.

**7.** 포크로 구멍을 내고 냉장고에서 휴지시킨다.

**8.** 오븐온도 185~190℃에서 20~25분간 굽는다.

**9.** 짤주머니에 고구마 크림을 넣어서 타르트 비스킷에 짜준다.

**10.** 달걀노른자를 바르고 오븐온도 220℃에서 색깔이 날 때 꺼낸다.

**11.** 식으면 꿀을 바르고 장식한다.

# 고구마 타르트
Sweet Potato Tart

## 고구마 크림 재료

| | |
|---|---|
| 고구마 | 500g |
| 꿀 | 50g |
| 생크림 | 100g |
| 버터 | 50g |

## 만드는 과정

**1.** 고구마를 푹 찐다.

**2.** 뜨거울 때 껍질을 벗기고 버터 꿀을 넣고 으깬다.

**3.** 덩어리가 있지 않도록 생크림을 조금씩 넣으면서 크림화시킨다.

### 타르트(Tart)

타르트는 얇은 원형이나 사각형 등의 다양한 틀에 파트 브리제(pate brisee, 반죽형 파이 반죽) 등의 반죽을 깔고 과일이나 크림을 채워서 구운 과자를 말한다. 프랑스어로는 타르트, 이탈리아어로는 토르타라고 하며, 영국과 미국에서는 타트라는 명칭으로 부르고 있다. 타르트는 모두 똑같지 않고 나라마다 반죽과 모양이 약간씩 다르며, 소형의 타르트는 타르틀레트(tartelet)라고 한다.

memo

# 체리 타르트
## Cherry Tart

### 파트 쉬크레(Pate Sucree)
### 재료

| | |
|---|---|
| 박력분 | 180g |
| 아몬드파우더 | 30g |
| 슈거파우더 | 90g |
| 버터 | 100g |
| 달걀 | 1개 |
| 소금 | 1g |

### 만드는 과정

**1.** 박력분, 아몬드파우더, 슈거파우더를 체 친다.

**2.** 상온에 둔 버터에 설탕과 소금을 넣고 부드럽게 해준다.

**3.** 달걀을 넣고 저어준다.

**4.** 반죽을 납작하게 하여 비닐을 싸서 냉장고에 넣는다.

**5.** 반죽을 3~4mm 정도로 균일하게 밀어서 타르트몰드에 올린다.

**6.** 손으로 몰드에 넣은 다음 모서리 부분을 접듯이 끼워 넣는다.

**7.** 밀대를 이용하여 반죽의 여분을 잘라낸다.

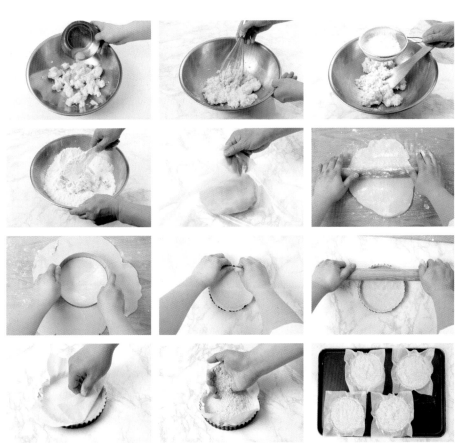

# 체리 타르트
Cherry Tart

## 아몬드 크림 재료

버터 ···················· 80g
설탕 ···················· 90g
달걀 ···················· 2개
아몬드파우더··········· 130g
럼 ······················· 50g

## 만드는 과정

**1.** 버터와 설탕을 섞어서 부드럽게 해준다.

**2.** 달걀을 넣으면서 저어준다.

**3.** 체 친 아몬드파우더를 넣고 섞어준다.

**4.** 럼을 넣고 섞어준다.

**5.** 짤주머니에 반죽을 넣어서 몰드에 80% 정도 채운다.

**6.** 오븐온도 185℃에서 20~25분간 굽는다.

**7.** 아몬드 크림 위에 시럽을 바르고 체리 잼 또는 커스터드 크림을 바른다.

**8.** 씨를 제거한 체리를 올리고 혼당을 바른다.

### 타르트(Tart)

프랑스에서는 타르트를 만들 때 두 가지 방법을 많이 사용한다. 한 가지는 반죽을 틀에 깔고 구워 낸 다음 과일이나 크림을 채워서 다시 굽는 방법이고, 또 한 가지는 반죽을 틀에 깐 다음 바로 그 상태에서 크림을 채워서 굽는 방법이다.

타르트는 프랑스에서 많이 만들어지고 있으며, 반죽은 파트 쉬크레, 파트 브리제, 파트 사브레 등이 사용되고 과일의 이름을 딴 명칭들을 많이 사용한다.

memo

# 피칸 초콜릿 타르트

Pecan Chocolate Tart

## 파트 쉬크레(Pate Sucree) 재료

박력분 ······················· 180g
아몬드파우더 ·············· 30g
슈거파우더 ················· 90g
버터 ························· 100g
달걀 ··························· 1개
소금 ···························· 1g

## 만드는 과정

**1.** 박력분, 아몬드파우더, 슈거파우더를 체 친다.

**2.** 상온에 둔 버터에 설탕과 소금을 넣고 부드럽게 해준다.

**3.** 달걀을 넣고 저어준다.

**4.** 반죽을 납작하게 하여 비닐에 싸서 냉장고에 넣는다.

**5.** 반죽을 3~4mm로 균일하게 밀어서 타르트몰드에 올린다.

**6.** 손으로 몰드에 넣은 다음 모서리 부분을 접듯이 끼워 넣는다.

**7.** 밀대를 이용하여 반죽의 여분을 잘라낸다.

# 피칸 초콜릿 타르트

Pecan Chocolate Tart

## 피칸 필링 재료

| | |
|---|---|
| 물엿 | 100g |
| 버터 | 10g |
| 다크초콜릿 | 26g |
| 달걀 | 220g |
| 설탕 | 70g |
| 피칸 | 300g |

## 만드는 과정

**1.** 물엿, 버터를 냄비에 넣고 뜨겁게 데워준다.

**2.** 뜨거운 물엿에 초콜릿을 넣고 저어서 녹여준다.

**3.** 달걀을 거품이 나지 않도록 풀어준 다음 설탕을 섞어준다.

**4.** 고운체에 걸러준다.

**5.** 거품을 제거한다.

**6.** 준비해 놓은 몰드에 피칸을 채우고 필링을 부어준다.

**7.** 오븐온도 180℃에서 20~25분간 굽는다.

memo

# 초콜릿 타르트

Chocolate Tart

## 파트 사브레 재료

버터 ·······················175g
설탕 ························· 80g
달걀 ···························1개
박력분 ·····················260g
베이킹파우더 ················· 2g

## 추가재료

다크초콜릿 ·················200g

## 만드는 과정

**1.** 상온에 둔 부드러운 버터에 설탕을 넣고 주걱으로 섞어준다.

**2.** 달걀을 2~3회에 나누어서 넣으면서 저어준다.

**3.** 체 친 박력분, 베이킹파우더를 넣고 주걱으로 가볍게 섞어준다.

**4.** 완성된 반죽을 비닐에 싸서 평평하게 만들어 냉장고에서 휴지시킨다.

**5.** 반죽을 2~3mm로 밀어서 타르트 몰드에 넣고 구워 낸다.

**6.** 타르트 비스킷에 다크초콜릿을 녹여서 붓으로 칠한다.

**7.** 초코 가나슈를 채운다.

**8.** 타르트 가나슈가 굳으면 링 모양 깍지를 넣고 초콜릿을 짜준다.

**9.** 초콜릿 장식물을 올린다.

# 초콜릿 타르트
Chocolate Tart

**가나슈 재료**

다크초콜릿 ······················ 330g
생크림 ·························· 300g
버터 ···························· 50g
아몬드 브리틀 ············· 적당량

**만드는 과정**

**1.** 생크림을 끓인다.

**2.** 다크초콜릿에 넣고 저어준다.

**3.** 36℃ 정도로 되면 버터를 넣고 믹서로 가볍게 섞는다.

## 타르트(Tart)

밀가루에 버터를 섞어 만든 반죽을 타르트 틀에 깔고 과일이나 크림을 이용하여 속을 채우나 반죽 위를 덮지 않아 재료가 그대로 보여지도록 하는 것이 프랑스식 파이의 특징이다. 속에는 달콤한 맛의 커스터드나 과일, 짭짤한 야채, 고기나 짭짤한 커스터드가 들어 있는 둥근 모양의 타르트로 이것은 대개 특별한 플랜(flan) 링에서 모양을 만들고 굽게 된다. 보통 8~10인분으로 나누며, 소형의 것은 '타르틀레트(tartlet)'라고 한다. 과일 타르트에는 타르트 오 폼(애플파이) · 타르트 오 시트롱(레몬파이) 등이 있다.

memo

# 엥가디너 타르트
## Engadiner Tart

**슈거도 재료**

| | |
|---|---|
| 설탕 | 100g |
| 버터 | 200g |
| 박력분 | 300g |
| 달걀 | 1개 |

**만드는 과정**

**1.** 버터를 부드럽게 해준다.

**2.** 설탕을 넣고 저어준다.

**3.** 달걀을 넣고 저어준다.

**4.** 체 친 밀가루를 넣고 반죽한다.

**5.** 반죽을 비닐에 싸서 냉장고에 넣는다.

**6.** 반죽을 밀어서 팬에 올리고 모양을 낸다.

**7.** 포크로 구멍을 내고 냉장고에서 휴지시킨다.

**8.** 오븐온도 185~190℃에서 20~25분간 굽는다.

**9.** 최근에는 다양한 형태의 완제품 타르트 비스킷이 시장에 나와 있기 때문에 어렵지 않게 쉽게 만들 수 있다.

**타르트 비스킷**

식재료를 이용하여 타르트 비스킷을 직접 만들기도 하지만 최근에는 국내 또는 수입하는 타르트 비스킷을 많이 사용하고 있다. 다양한 종류의 크기와 모양이 있으며, 코코아를 이용한 초콜릿 타르트 비스킷 녹차를 사용하여 만든 녹차타르트 비스킷 등이 있다.

# 엥가디너 타르트
Engadiner Tart

## 호두 필링 재료

| | |
|---|---|
| 설탕 | 200g |
| 물 | 30g |
| 꿀 | 20g |
| 생크림 | 150g |
| 호두 | 300g |

## 만드는 과정

**1.** 호두 오븐에서 살짝 굽는다.

**2.** 냄비에 물, 설탕, 꿀을 넣고 끓인다.

**3.** 캐러멜 색깔이 나면 생크림을 넣고 저어준다.

**4.** 호두를 넣고 저어준다. 캐러멜 윤기가 흐르고 끈적끈적할 때까지 저어준다.

**5.** 타르트 비스킷에 호두 필링을 채운다.

### 엥가디너(Engadiner)

엥가디너는 호두로 유명한 스위스의 그라우뷘덴주(Graubünden) 엥가딘이라는 곳의 지역 이름에서 따온 말로서 정식 명칭은 엥가디너 누스토르테이다. 엥가딘뿐만 아니라 스위스, 오스트리아, 독일 등지에서 즐겨 만들어 먹는 엥가디너 누스토르테는 호두와 캐러멜을 섞어 조려 식힌 충전물을 반죽과 반죽 사이에 넣고 구워 낸 과자이다.

memo

# 구움과자

가토 쇼콜라················································301

코코넛 로쉐················································303

아몬드 초코칩 비스코티·······················305

커피 피스타치오 비스코티···················307

플로랑탱 아망드·······································309

레몬 크랙쿠키············································313

인절미 쿠키················································315

팬시 쉬레드 치즈 쿠키···························317

블루베리 쿠키············································319

크랜베리 넛 쿠키·······································321

피낭시에······················································323

까눌레··························································325

치즈 다쿠아즈············································327

크랜베리 스콘············································331

# 가토 쇼콜라

Gateau Au Chocolat

## 가토 쇼콜라 재료

다크 초콜릿 ⋯⋯⋯⋯⋯⋯ 250g
버터 ⋯⋯⋯⋯⋯⋯⋯⋯ 150g
노른자 ⋯⋯⋯⋯⋯⋯⋯ 8개
설탕 ⋯⋯⋯⋯⋯⋯⋯⋯ 100g
박력분 ⋯⋯⋯⋯⋯⋯⋯ 150g
코코아 ⋯⋯⋯⋯⋯⋯⋯ 75g
베이킹파우더 ⋯⋯⋯⋯⋯ 10g
흰자 ⋯⋯⋯⋯⋯⋯⋯⋯ 8개
설탕 ⋯⋯⋯⋯⋯⋯⋯⋯ 240g

## 만드는 과정

1. 다크 초콜릿, 버터를 중탕으로 녹인다.
2. 노른자에 설탕(100g)을 넣고 거품을 올린다.
3. 녹인 초콜릿 버터를 노른자에 섞는다.
4. 박력분 코코아, 베이킹파우더를 체 쳐서 섞는다.
5. 흰자, 설탕(240g)을 사용해 머랭을 만들어 넣고 반죽한다.
6. 150℃에서 20~25분간 굽는다.

# 코코넛 로쉐

Coconut Rocher

## 코코넛 로쉐 재료

| | |
|---|---|
| 코코넛파우더 | 250g |
| 설탕 | 200g |
| 흰자 | 250g |
| 소금 | 1g |
| 물엿 | 50g |
| 다크 초콜릿 | 200g |

## 만드는 과정

**1.** 설탕, 물엿, 흰자, 소금을 중탕하여 주걱으로 저어준다.

**2.** 설탕 입자가 녹으면 코코넛파우더를 넣고 저어준다.

**3.** 불에서 내려 짤주머니에 별모양 깍지를 넣고 반죽을 담아서 실리콘 패드 위에 짜준다.

**4.** 오븐온도 180~200℃에서 15~20분간 굽는다.

**5.** 초콜릿을 중탕하여 녹인다.

**6.** 초콜릿을 템퍼링하여 구운 코코넛 로쉐 바닥에 초콜릿을 바른다.

# 아몬드 초코칩 비스코티

Almond Chocolate Chip Biscotti

## 아몬드 초코칩 비스코티 재료

| | |
|---|---|
| 버터 | 120g |
| 설탕 | 250g |
| 달걀 | 2개 |
| 소금 | 2g |
| 박력분 | 380g |
| 아몬드파우더 | 60g |
| 베이킹파우더 | 2g |
| 홀 아몬드 | 150g |
| 초코칩 | 70g |
| 바닐라 향 | 소량 |

## 만드는 과정

**1.** 버터, 설탕, 소금을 부드럽게 해준다.

**2.** 달걀을 나누어 넣으면서 저어준다.

**3.** 밀가루, 베이킹파우더, 아몬드파우더를 체 친 후 넣고 반죽한다.

**4.** 홀 아몬드와 초코칩을 섞어준다.

**5.** 한 덩어리로 뭉쳐서 길게 성형한다.

**6.** 175℃에서 20~30분간 굽는다.

**7.** 완전히 식으면 얇게 자른다.

**8.** 팬에 놓고 185℃ 오븐에서 15~20분간 굽는다. 중간에 뒤집어 준다.

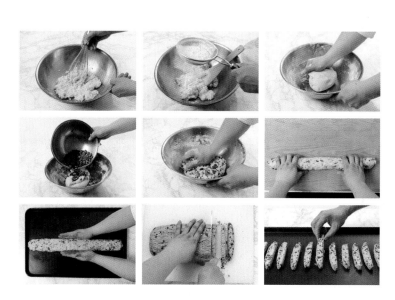

## 비스코티 쿠키(Biscotti Cookie)

비스코티는 이탈리아어로 '두 번 굽는다'라는 의미로 사용되며, 영국에서는 비스킷(biscuit)이라 하고 미국에서는 쿠키(cookie)라고 한다. 비스킷 반죽을 오븐에서 한번 통째로 구운 다음, 식혀서 다시 길쭉한 모양으로 잘라 구워 먹는 바삭바삭한 식감의 이탈리아 아몬드 비스킷이다.

# 커피 피스타치오 비스코티

## Coffee Pistachio

### 커피 피스타치오 비스코티 재료

|  |  |
|------|------|
| 버터 | 120g |
| 설탕 | 250g |
| 달걀 | 2개 |
| 소금 | 2g |
| 박력분 | 380g |
| 아몬드파우더 | 60g |
| 베이킹파우더 | 2g |
| 커피 엑기스 | 20g |
| 피스타치오 | 200g |

### 만드는 과정

1. 버터, 설탕, 소금을 부드럽게 해준다.
2. 달걀을 나누어 넣으면서 저어준다.
3. 커피 엑기스를 섞어준다.
4. 밀가루, 베이킹파우더, 아몬드파우더를 체 친 후 넣고 반죽한다.
5. 피스타치오를 섞어준다.
5. 한 덩어리로 뭉쳐서 길게 성형한다.
6. 175℃에서 20~30분간 굽는다.
7. 완전히 식으면 얇게 자른다.
8. 팬에 놓고 185℃ 오븐에서 15~20분간 굽는다. 중간에 뒤집어 준다.

# 플로랑탱 아망드
## Florentine Almond

### 사블레 반죽 재료

버터 ·······························200g
슈거파우더 ·····················150g
달걀 ································2개
소금 ································2g
바닐라 향 ·························소량
박력분 ·····························400g
아몬드파우더 ·····················80g

### 만드는 과정

**1.** 버터를 부드럽게 해준다.

**2.** 슈거파우더와 소금을 넣고 섞어준다.

**3.** 달걀을 하나씩 넣으면서 저어준다.

**4.** 바닐라 향을 넣어준다.

**5.** 아몬드파우더, 박력분을 체 친 후 넣고 반죽한다.

**6.** 비닐에 싸서 냉장고에서 휴지시킨다.

**7.** 밀대로 반죽을 밀어서 포크로 구멍을 낸다.

**8.** 오븐온도 190℃에서 15~20분간 색깔이 조금 나기까지 굽는다.

**9.** 구운 비스킷 위에 아몬드 필링을 펴서 다시 오븐에 넣어서 색깔을 낸다.

# 플로랑탱 아망드
Florentine Almond

## 플로랑탱 재료

| | |
|---|---|
| 버터 | 40g |
| 설탕 | 40g |
| 꿀 | 50g |
| 물엿 | 40g |
| 동물성 생크림 | 130g |
| 슬라이스 아몬드 | 160g |

## 만드는 과정

1. 아몬드를 오븐에 살짝 굽는다.
2. 냄비에 버터, 설탕, 꿀, 물엿, 생크림을 넣고 106℃까지 끓인다.
3. 아몬드를 넣고 저어준다.
4. 살짝 구운 비스킷 위에 조린 아몬드를 올려서 펴고 210℃ 오븐에서 갈색이 날 때까지 굽는다.
5. 알맞은 크기로 자른 다음 템퍼링한 초콜릿에 찍는다.

### 플로랑탱(Florentine)

플로랑탱은 설탕, 꿀, 생크림, 버터, 물엿, 아몬드, 오렌지 필 등을 넣고 만든 프티푸르 세크. 발상지가 이탈리아인 아몬드 풍미의 과자이다. 플로랑탱은 이탈리아의 도시 피렌체라는 뜻이며, 피렌치 메디치가의 딸인 카트린(Cathenine)이 프랑스의 앙리 2세와 결혼하면서 가지고온 과자 중의 하나이다. 플로랑탱 사블레와 플로랑탱 쇼콜라 2가지의 종류가 있으며, 모양도 다양하게 만들 수 있다.

memo

# 레몬 크랙쿠키

## Lemon Crackle Cookies

**레몬 크랙쿠키 재료**

| | |
|---|---|
| 레몬 | 2개 |
| 버터 | 60g |
| 설탕 | 95g |
| 달걀 | 2개 |
| 레몬주스 박력분 | 260g |
| 소금 | 2g |
| 베이킹파우더 | 6g |

**추가재료**

설탕, 슈거파우더

**만드는 과정**

**1.** 버터에 설탕과 소금을 넣고 크림화시킨다.

**2.** 달걀을 하나씩 넣고 저어준다.

**3.** 레몬 제스트와 레몬주스를 넣고 저어준다.

**4.** 박력분과 베이킹파우더를 체 친 후 섞어준다.

**5.** 냉장고에서 휴지시킨다.

**6.** 팬에 실리콘 패드를 깔아준다.

**7.** 반죽을 떠서 둥글게 만든 다음 흰자를 바른다.

**8.** 설탕을 묻힌 다음 다시 슈거파우더에 굴러서 팬에 놓는다.

**9.** 오븐온도 180℃에서 15~20분간 굽는다.

### 쿠키(미국 Cookie, 영국 Biscuit)

쿠키는 영국의 플레인 번, 미국의 작고 납작한 비스킷 또는 케이크, 프랑스의 푸르 세크(four sec) 그리고 독일의 게베크(Gebäck)에 해당하는 건과자이다. 번(bun)이란 베이킹파우더와 같은 화학팽창제나 이스트 발효를 이용하여 부풀린 과자이다. 흔히 미국에서 말하는 쿠키는 영국에서 비스킷이라 불린다. 일본에서 비스킷은 수분과 지방 함량이 낮은 밀가루 위주의 건과자를 말하며 쿠키는 밀가루 위주의 비스킷류와, 수분과 지방 함량이 비스킷보다 높은 건과자와 마카롱 머랭 퓌이타주까지 포함된다.

# 인절미 쿠키

Injeoimi Cookie

## 인절미 쿠키 재료

| | |
|---|---|
| 버터 | 120g |
| 박력분 | 45g |
| 슈거파우더 | 100g |
| 소금 | 2g |
| 아몬드파우더 | 50g |
| 볶은 콩가루 | 90g |
| 슬라이스 아몬드 | 60g |

## 만드는 과정

**1.** 박력분, 슈거파우더, 소금, 아몬드파우더, 볶은 콩가루를 개량하여 두 번 체 친다.

**2.** 단단한 버터를 잘게 잘라 넣고 가루와 섞어준다.

**3.** 보슬보슬한 상태까지 만들어준다.

**4.** 슬라이스 아몬드를 오븐에서 살짝 구워서 넣고 섞어준다.

**5.** 반죽 덩어리가 되도록 뭉쳐준다.

**6.** 팬에 실리콘 패드를 깔고 20g씩 분할하여 둥글게 만들어 놓는다.

**7.** 오븐온도 175~180℃에서 15~20분간 갈색 색깔이 날 때까지 구워준다.

**8.** 쿠키가 식으면 콩가루를 묻힌다.

## 콩가루(Bean Flour)

콩가루는 글루텐(gluten)이 함유되어 있지 않고 단백질의 함량이 많다는 점에서 밀가루와 구분되며, 섬유소가 함유되어 있다는 점에서 탈지분유와도 구분된다. 콩가루의 제조는 먼저 콩의 불순물을 제거한 뒤 6~8조각으로 조분쇄하여 콩 껍질을 제거한 다음, 가열처리하고 이를 냉각시킨 후 분쇄하는 과정을 거친다. 제조 과정 중의 열처리는 콩 비린내를 제거하고 효소를 불활성화 시킴으로서 콩가루의 냄새를 크게 향상시킬 뿐만 아니라 트립신저해제(trypsininhibitor)를 불활성화시켜 소화율을 향상시킨다.

# 팬시 쉬레드 치즈 쿠키

## Cheese Cookie

### 팬시 쉬레드 치즈 쿠키 재료

| 재료 | 양 |
|---|---|
| 버터 | 140g |
| 설탕 | 60g |
| 박력분 | 280g |
| 베이킹파우더 | 14g |
| 생크림 | 190g |
| 달걀 | 40g |
| 파마산 치즈 | 120g |

### 만드는 과정

**1.** 버터와 설탕을 섞어준다.

**2.** 박력분과 BP를 체 친 후 ①에 넣고 천천히 섞어준다.

**3.** 달걀과 생크림을 반죽에 천천히 넣어 섞어준다.

**4.** 파마산 팬시 쉬레드 치즈를 넣고 섞어준다.

**5.** 비닐로 싸서 냉장고에 넣고 휴지시킨다.

**6.** 50g씩 분할하여 둥글리기한 다음 실리콘 패드 위에 팬닝한다.

**7.** 짤주머니에 토핑 반죽을 담아서 짜준다.

**8.** 오븐온도 185℃에서 18~23분간 굽는다.

### 토핑 재료

| 재료 | 양 |
|---|---|
| 생크림 | 100g |
| 설탕 | 400g |

### 만드는 과정

**1.** 볼에 설탕과 생크림을 넣고 가볍게 섞는다.

# 블루베리 쿠키
## Blueberry Cookie

### 블루베리 쿠키 재료

버터 ························· 140g
설탕 ·························· 60g
박력분 ······················300g
베이킹파우더 ··············· 14g
생크림 ······················ 150g
달걀 ·························· 60g
냉동 블루베리 ··············· 30g
드라이 블루베리 ············ 100g

### 만드는 과정

**1.** 건조 블루베리는 럼에 전처리해 놓는다. (하루 전에 건조 블루베리와 럼을 섞어서 랩으로 싸놓는다.)

**2.** 버터, 설탕을 섞어준다.

**3.** 박력분과 BP를 체 친 후 ①에 넣고 천천히 섞어준다.

**4.** 달걀과 생크림을 반죽에 천천히 넣어 섞어준다.

**5.** 냉동 블루베리와 건조 블루베리를 넣고 섞어준다.

**6.** 비닐로 싸서 냉장고에 넣고 휴지시킨다.

**7.** 50g씩 분할하여 둥글리기한 다음 실리콘 패드 위에 팬닝한다.

**8.** 짤주머니에 토핑 반죽을 담아서 짜준다.

**9.** 오븐온도 185℃에서 18~23분간 굽는다.

### 토핑 재료

생크림 ······················ 100g
설탕 ························· 400g

### 만드는 과정

**1.** 볼에 설탕과 생크림을 넣고 가볍게 섞는다.

# 크랜베리 넛 쿠키

Cranberry Nut Cookie

## 크랜베리 넛 쿠키 재료

| | |
|---|---|
| 버터 | 140g |
| 설탕 | 100g |
| 소금 | 2g |
| 달걀 | 1개 |
| 박력분 | 260g |
| 베이킹파우더 | 4g |
| 크랜베리 | 80g |
| 피스타치오 | 30g |
| 럼 | 30g |

## 만드는 과정

**1.** 피스타치오는 오븐온도 180℃에서 살짝 굽는다.

**2.** 크랜베리는 하루 전 럼에 전처리해 놓는다.

**3.** 볼을 준비하여 실온에 둔 버터와 설탕을 섞어서 부드럽게 해준다.

**4.** 달걀을 넣고 저어준다.

**5.** 박력분과 베이킹파우더를 체 친 후 넣고 주걱으로 섞어준다.

**6.** 전처리한 크랜베리와 피스타치오를 넣고 섞어준다.

**7.** 둥근 막대형으로 성형하여 냉장고에 넣는다.

**8.** 반죽이 단단해지면 꺼내어 막대 모양으로 자른다.

**9.** 달걀물을 바르고 슈거파우더를 묻혀서 5mm 두께로 자른다.

**10.** 175℃에서 15~18분간 굽는다.

## 크랜베리(Cranberry)

철쭉과 덩굴월귤속에 속하는 월귤나무의 열매로 여기에는 블루베리도 있다. 크랜베리는 유럽이나 북아메리카에 야생하며 초여름에 꽃을 피우고 가을에 체리와 비슷한 크기의 빨간 열매를 맺는다. 크랜은 꽃 피우는 모습이 학을 연상시킨다 하여 붙여진 명칭이다. 미국에서는 요리에 많이 사용하는데, 특히 크리스마스 칠면조 요리에는 반드시 들어간다. 단맛이 적고 신맛이 강하다. 제과제빵에서는 주스, 잼, 젤리, 파이, 타르트 등에 사용되고 있다.

# 피낭시에

Financier

## 피낭시에 재료

| | |
|---|---|
| 박력분 | 100g |
| 아몬드파우더 | 125g |
| 레몬 | 1개 |
| 전분 | 40g |
| 설탕 | 300g |
| 흰자 | 320g |
| 버터 | 225g |
| 믹스필 | 100g |

## 만드는 과정

**1.** 가루 재료를 모두 체 친다.

**2.** 가루 재료와 설탕을 섞어준다.

**3.** 버터를 태워 정제 버터를 만든다.

**4.** 섞은 가루에 흰자를 천천히 섞어 풀어준다.

**5.** 레몬 제스트를 넣고 섞어준다.

**6.** 정제 버터를 넣는다.

**7.** 믹스필을 넣는다.

**8.** 냉장고에서 휴지시킨다(1시간).

**9.** 짤주머니에 반죽을 담아 몰드에 짜준다.

**10.** 오븐온도 190℃에서 10~13분간 굽는다.

### 피낭시에(Financier)

피낭시에는 제품의 모양이 '금괴'를 닮았다 하여 붙여진 명칭으로 프랑스어로 금융가를 뜻한다. 파리 증권가의 한 빵집에서 금괴모양으로 만든 구움과자에서 유래되었으며, 모양과 크기가 작아서 티타임에 많이 나오는 제품이다.

버터를 갈색이 될 때까지 태워서 헤이즐넛 향이 나는 버터를 만들어 버터의 풍미를 높여주고, 달걀흰자와 아몬드가루를 사용하여 고소하면서도 부드러운 식감을 느낄 수 있으며, 최근에는 레몬, 커피, 녹차 등을 사용하여 다양한 맛의 피낭시에 과자가 나오고 있다.

# 까눌레
## Cannele

### 까눌레 재료

| | |
|---|---|
| 유유 | 400g |
| 버터 | 32g |
| 바닐라 빈 | 1개 |
| 달걀 | 72g |
| 노른자 | 40g |
| 설탕 | 130g |
| 박력분 | 70g |
| 아몬드파우더 | 30g |
| 럼 | 20g |

### 추가재료

| | |
|---|---|
| 버터 | 100g |
| 꿀 | 100g |

### 만드는 법

**1.** 냄비에 우유, 버터, 바닐라 빈 씨를 발라낸 껍질과 함께 불을 약하게 해서 뜨겁게 데운다. 끓기 직전까지 데운다.

**2.** 볼에 달걀과 노른자를 풀어준다.

**3.** 설탕을 넣고 섞어준다.

**4.** 데운 우유를 반 정도 섞는다.

**5.** 체 친 밀가루와 아몬드파우더를 넣고 섞어준다.

**6.** 남은 우유를 넣고 섞어준다.

**7.** 럼을 섞어준다.

**8.** 고운체에 반죽을 걸러서 하루 동안 휴지시킨다.

**9.** 전자레인지에 버터를 녹여서 꿀과 섞어준다.

**10.** 꿀과 섞은 버터를 까눌레 몰더에 바르고 반죽을 가득 채운다.

**11.** 오븐온도 190~195℃에서 40~50분간 굽는다.

### 까눌레(Cannelé)

까눌레는 프랑스 감성의 고급디저트로, 동틀에 밀랍을 코팅해 만들어져 겉은 바삭하고 속이 촉촉한 것이 특징이다. 럼과 바닐라향이 은은하게 코를 매혹시키는 가운데 바삭하고 쫄깃한 겉감과 폭신한 안감으로 침샘을 자극하며, 최근에는 망고, 녹차, 모카, 코코넛, 치즈 등 다양한 맛을 내는 까눌레가 나오고 있다.

# 치즈 다쿠아즈

Cheese Dacquoise

## 다쿠아즈 재료

흰자 ······························200g
설탕 ······························70g
바닐라 향 ·······················소량
슈거파우더 ·······················70g
박력 ······························20g
아몬드파우더 ·······················140g
레몬주스 ·······························10g

## 만드는 과정

**1.** 흰자에 바닐라 향을 넣고 거품 올린다.

**2.** 설탕을 조금씩 부어주면서 단단한 머랭을 만든다.

**3.** 레몬주스를 넣어준다.

**4.** 슈거파우더, 박력분, 아몬드파우더를 체 친 후 섞어준다.

**5.** 짤주머니에 반죽을 넣어서 2.5~3cm 타원형으로 짜준다.

**6.** 슈거파우더를 뿌려준다.

**7.** 오븐온도 180℃에서 15~20분간 굽는다.

**8.** 식으면 필링을 짜고 붙여준다.

# 치즈 다쿠아즈
Cheese Dacquoise

## 치즈 필링 재료

| | |
|---|---|
| 슈거파우더 | 50g |
| 크림치즈 | 240g |
| 레몬 | 1개 |
| 버터 | 30g |

## 만드는 과정

**1.** 실온에 둔 크림치즈와 버터를 부드럽게 크림화시킨다.

**2.** 슈거파우더를 섞어준다.

**3.** 레몬 제스트와 레몬주스를 넣고 섞어준다.

### 다쿠아즈(Dacquoise)

프랑스 랑드(Lande)지방의 닥스(Dax)에서 유래한 케이크다. 다쿠아즈는 겉이 바삭하고 속이 부드러운 과자로 마카롱과 함께 프랑스 프로방스의 대표적인 머랭 과자의 하나이며 프랑스의 대표적인 간식이다. 아몬드가 들어가 견과류의 향미가 나며, 둥근 형태를 가지고 있는 디저트이다. 중앙에 부드럽고 풍부한 휘핑크림이나 커피 풍미의 크림, 버터크림, 치즈크림 등 다양한 크림을 채워서 샌드한다.

memo

# 크랜베리 스콘

## Cranberry Scone

### 크랜베리 스콘 재료

| | |
|---|---|
| 버터 | 120g |
| 설탕 | 90g |
| 소금 | 2g |
| 베이킹파우더 | 16g |
| 박력분 | 360g |
| 우유 | 150g |
| 달걀노른자 | 20g |
| 크랜베리 | 120g |
| 럼 | 50g |

*크랜베리와 럼을 섞어서 하루 전에 전처리해 놓는다.

### 만드는 과정

1. 박력분과 베이킹파우더를 체 친다.
2. 체 친 박력분에 버터를 넣고 손으로 섞어준다.
3. 두 손으로 비비듯이 하면 보슬보슬한 가루가 된다.
4. 가운데 부분에 홈을 만들고 설탕, 소금, 달걀노른자, 우유를 섞어서 넣고 반죽한다.
5. 전처리한 크랜베리를 넣고 가볍게 섞어준다.
6. 반죽을 비닐에 싸서 냉장고에서 휴지시킨다.
7. 반죽을 두께 1.6~2cm로 밀어서 휴지시킨 다음 칼로 자르거나 몰드로 찍어서 팬에 놓고 노른자를 바른다.
8. 오븐온도 185℃에서 20~25분간 굽는다. (크기에 따라서 시간은 다르다.)

### 스콘(Scone)

스콘은 밀가루, 버터, 우유와 함께 만들어진 반죽에 베이킹파우더를 넣어 부풀리는 영국식 퀵 브레드(quick bread)의 일종이다. 스콘의 기원과 유래에 대해서는 정확히 알려진 바가 없으나 스코틀랜드(Scotland)에서 귀리와 버터밀크를 넣고 만든 퀵 브레드로부터 비롯되었다고 일반적으로 보고 있다. 단맛 또는 짠맛이 살짝 느껴지는 스콘에 과일 잼, 생크림을 듬뿍 얹고 일반적으로 홍차를 곁들여 먹는다. 스콘은 원형, 삼각형, 사각형 등 다양한 모양이 있다.

# 초콜릿의 세계

파베 쇼콜라 ⋯⋯⋯⋯⋯⋯⋯⋯⋯ 345

트러플 그랑 마르니에 ⋯⋯⋯⋯ 347

카페 봉봉 ⋯⋯⋯⋯⋯⋯⋯⋯⋯⋯ 349

망디앙 롤리팝 ⋯⋯⋯⋯⋯⋯⋯⋯ 351

넛 크로캉 ⋯⋯⋯⋯⋯⋯⋯⋯⋯⋯ 353

봉봉 푀이틴 ⋯⋯⋯⋯⋯⋯⋯⋯⋯ 355

텐드리스 ⋯⋯⋯⋯⋯⋯⋯⋯⋯⋯ 357

마리아주 ⋯⋯⋯⋯⋯⋯⋯⋯⋯⋯ 359

솔트 캐러멜 ⋯⋯⋯⋯⋯⋯⋯⋯⋯ 361

아몬드 로쉐 ⋯⋯⋯⋯⋯⋯⋯⋯⋯ 363

감 초콜릿 ⋯⋯⋯⋯⋯⋯⋯⋯⋯⋯ 365

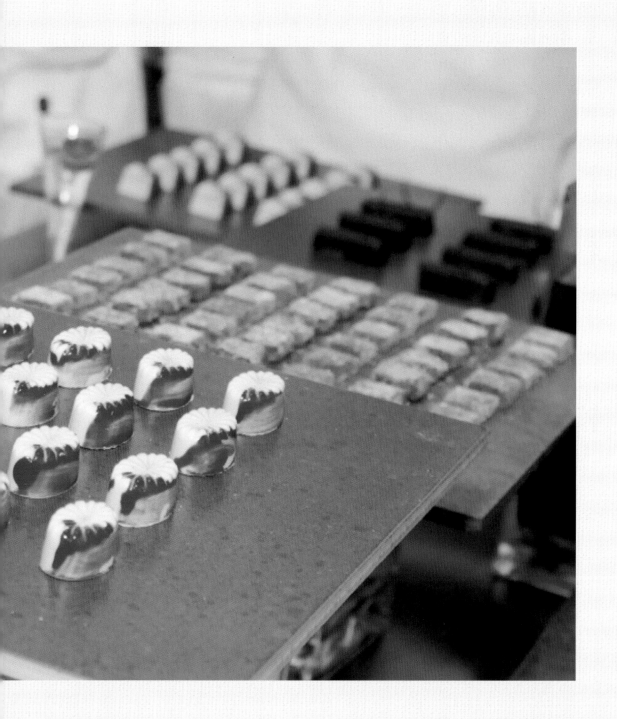

## 초콜릿의 세계

초콜릿(영 chocolate, 프 chocolat, 독 schokolade)

카카오 빈(beans: 콩)을 주원료로 하며, 카카오 버터, 설탕, 유제품 등을 섞은 것이다. 독특한 쓴맛을 가지고 입속에서 부드럽게 녹는 맛이 특징이다. 적도를 중심으로 하여 남북 20도 사이의 지역에서만 생육하는 카카오는 오동나무과의 고목으로 학명은 Amygdala pecuniaria이다. 원산지는 남아프리카 브라질의 아마존강 상류와 베네수엘라의 오리노코강 유역이다.

1720년, 스웨덴 식물학자 린네는 카카오나무에 Theobroma cacao. L.(신(神)으로부터 선물 받은 음식물)이라는 학명을 붙였다. 그 의미는 Theo=신, broma=음식, 즉 열매(카카오 포드, cacao pod) 속의 종자, 즉 카카오 시드(cacao seeds)이다.

### 1. 초콜릿의 어원 및 기원

초콜릿이 남아프리카에서 유럽으로 최초로 전해지게 된 것은 15세기말 콜럼버스에 의해서이다. 그 뒤 16세기 중반에 멕시코를 탐험한 H. 코르테스가 에스파냐에 소개함으로써 17세기 비로소 유럽 전역으로 퍼졌다. 카카오의 카카(caca)는 고대 멕시코의 아즈테카어로 '쓴즙'을 뜻하며, 여기에 '액체'를 뜻하는 아틀(at)이 붙어 카카하틀(cacahuatl)이 되고, 이를 약칭하여 카카오라 부르게 되었다. 초콜릿의 주원료는 '신의 음식'이라 불리는 카카오나무의 열매다. 카카오나무 열매는 20℃ 이상의 온도와 연 200mL 이상의 강수량이 유지되는 생장환경이 필요하다. 또한 뜨거운 태양빛과 바람을 피하기 위해 다른 나무 그늘

밑에서 주로 자란 카카오나무는 100년이 넘도록 열매를 생산해 낼 수 있다. 카카오 포드 (cacao pod)라고 불리는 열매 속에는 카카오 빈이 들어 있는데, 이 카카오 빈을 갈아서 카카오 버터, 카카오 매스, 카카오 분말 등을 만들고 이를 다른 식품에 섞어 가공한 것을 초콜릿이라한다.

## 2. 초콜릿의 주요 품종

### ❶ 크리올로(Criollo)

중앙아메리카 아츠텍 산으로 부드러운 맛으로 전 세계 생산량의 5~8%를 차지하며, 카카오의 왕자라고도 불린다. 최고의 맛과 향을 가지고 있으나 전체 카카오 재배지역에서 차지하는 비율이 5% 이하이며 병충해에 약하고 수확하기도 어렵다.

중앙아메리카의 카리브해 일대, 베네수엘라, 에콰도르 등지에서 주로 재배된다.

### ❷ 포라스테로(Forastero)

아마존강 유역과 아프리카에서 많이 생산되고 있으며, Robusta du cacao라 부르기도 한다. 가장 일반적인 종으로, 전체 생산량의 약 70% 정도를 차지한다. 거의 모든 초콜릿 제품의 원료로 쓰이면서 생산성이 높고 고품질인 이 제품은 세계적으로 가장 많이 재배되고 있다. 주로 브라질과 아프리카에서 재배되며 신맛과 쓴맛이 좀 강한 편이다.

### ❸ 트리니타리오(Trinitario)

크리올로와 포라스테로의 교배종으로 유지 함량이 월등히 높으며, 전체 생산량의 15~20%를 차지한다. 크리올로의 뛰어난 향과 포라스테로의 높은 생산성을 가지고 있다. 또한, 여러 다른 종과 섞어서 다양한 맛의 초콜릿으로 변형하여 사용한다.

## 3. 카카오의 수확에서 초콜릿이 되기까지

### ❶ 수확

카보스(Cabosse, 카카오 포드)라고 불리는 카카오 열매는 덥고 습한 열대우림 지역 (남·북위 20° 사이)에서 자라 1년에 2번씩 열매를 맺는다. 럭비공 모양으로 자란 열매는 색과 촉감으로 완숙도를 파악하며 수확하는데, 카카오 빈은 아몬드 정도의 모양과 크기를 지니며 한 개의 열매에 약 30~40개 정도씩 들어있다. 수확 후 카보스의 단단한 껍질을 쪼개어서 카카오 원두만을 꺼내 다시 원두를 한 알 한 알 수작업으로 따로 따로 떼어 낸다.

### ❷ 발효

채취한 카카오 원두는 1~6일 동안의 발효 과정을 거치며, 종자에 따라 시간이 다르다. 발효는 다음의 세 가지 목적으로 한다.

- 카카오 원두 주위를 싸고 있는 하얀 과육을 썩힘으로써 부드럽게 만들어서 취급하기 쉽게 한다.
- 발아하는 것을 막아서 원두의 보존성을 좋게 한다.
- 카카오 특유의 아름다운 짙은 갈색으로 변하여 원두가 통통하게 충분히 부풀어 쓴 맛과 신맛이 생김으로써 향 성분을 증가시킨다. 발효에는 충분한 온도(콩의 온도가 50℃ 정도)가 필요하고 전체적으로 골고루 발효시키기 위해서는 공기가 고루 닿도록 원두를 정성껏 섞어야 한다.

### ❸ 건조

발효시킨 카카오 원두는 수분의 양이 약 60% 정도이지만 이것을 최적의 상태로 보존하기 위해서는 8% 정도까지 내릴 필요가 있다. 그래서 이러한 건조작업이 필요하며, 카카오 원두를 커다란 판 위에 펼쳐 놓고 약 2주간 햇빛에 건조시킨다. 건조과정을 거친 카카오 원두는 커다란 마대 자루에 담아서 세계 각지로 수출한다.

### ❹ 선별, 보관

초콜릿 공장에 운반된 카카오 원두는 우선 품질검사부터 실시한다. 홈이 파인 가늘고

긴 통을 마대 자루 끝에 꽂아서 그 안에 들어 있는 카카오 원두를 꺼낸 후에 곰팡이나 벌레 먹은 것이 없는지, 발효가 잘 되었는지 등을 자세히 살펴보게 되며 그 후 선별작업을 거친 원두는 온도가 일정하게 유지되는 청결한 장소에 보관한다.

### ❺ 세척

카카오 원두는 팬이 도는 기계에 돌려서 이물질과 먼지를 제거하고 체에 쳐서 조심스럽게 닦는다.

### ❻ 로스팅

카카오 원두는 로스팅을 실시한다. 이렇게 함으로써 수분 제거와 휘발성분인 타닌(tannin)을 제거하며, 색상과 향이 살아나게 한다. 카카오 빈의 종류와 수분함량에 따라 로스팅을 다르게 한다.

### ❼ 분쇄

로스팅한 카카오 원두는 홈이 파인 롤러로 밀어서 곱게 다듬어 준다. 주위의 딱딱한 껍질이나 외피는 바람으로 날려버리고, 카카오니브(Grue De Cacao)라고 불리는 원두 부분만 남긴다.

### ❽ 배합

초콜릿의 품질을 알 수 있는 중요한 과정 중의 하나가 블렌드(blend) 작업이다. 여러 가지 카카오의 선택과 배합은 각 제조회사에서 설정하여 만든다.

### ❾ 정련

카카오니브(cacao nib)에는 지방분(코코아 버터)이 55%나 함유되어 있으며, 이것을 갈아 으깨면 걸쭉한 상태의 카카오 매스(cacao mass)가 만들어진다. 블랙 초콜릿은 카카오 매스에 설탕과 유성분을 넣어서 만들고, 화이트초콜릿은 카카오 버터에 설탕과 유성분을 넣고 기계로 섞어서 만든다. 세로로 둘러싸인 실린더(Cylinder: 필름 모양의 매트가 붙은 롤러) 사이에서 초콜릿이 으깨어져서 윗부분으로 감에 따라 고운 상태가 되고, 0.02mm의 입자가 될 때까지 섞어서 마무리한다. 별도의 작업으로 카카오 매스를 프레스 기계에서 돌리면 카카오 버터와 카카오의 고형분으로 만들어지는데 이 고형분을 다시 섞어서 한 번 냉각시켜 굳혀서 가루 상태로 만든 것을 카카오파우더라 한다.

### ⑩ 콘칭

반죽을 저어 입자를 균일하게 하는 공정으로 휘발성 향의 제거와 수분감소 향미 증가 및 균질화의 효과를 얻는다. 매끄러운 상태가 된 초콜릿은 다시 콘채(conche)라고 불리는 커다란 통에 넣어 반죽을 한다. 반죽은 통 안에서 2개의 봉이 끊임없이 섞어주고 약 24~74시간 동안 50~80℃에서 숙성시킨다. 숙성과정에서 초콜릿의 상태가 좀 더 매끄러워야 하는 경우에는 카카오 버터를 첨가하기도 하는데, 반죽하여 숙성하는 시간은 초콜릿의 종류에 따라 다르다. 특히 이 과정은 '그랑 크뤼(Grand Cru)'라고 불리는 고급 초콜릿을 만드는데 중요한 작업으로 벨벳 같은 촉감과 윤기가 흐르는 반지르르함은 이러한 과정을 거침으로써 만들어진다.

### ⑪ 온도 조절과 성형

마지막으로 기계 안에서 온도 조절(템퍼링)을 거쳐 안정화된 후, 컨베이어 시스템에 올려진 틀에 부어져 냉각시키게 된다. 냉각이 완료되면 틀에서 꺼내어 포장한다.

### ⑫ 포장 및 숙성

은박지나 라벨로 포장하여 케이스에 담고 적절한 환경을 갖춘 창고 안에서 일정 기간 동안 숙성시킨다. 이렇게 함으로써 초콜릿이 완성되어 유통된다.

## 4. 초콜릿의 템퍼링(Tempering)

초콜릿의 생명은 템퍼링이다. 템퍼링이란 온도에 따라 변화하는 결정을 안정된 결정 상태로 만들기 위해 온도를 맞추어 주는 작업이다. 템퍼링을 하는 이유는 초콜릿에 함유되어 있는 카카오 버터가 다른 성분과 분리되면 떠버리는 현상이 나타나므로 전체를 균일하게 혼합할 필요가 있기 때문이다.

카카오 버터는 하나로 혼합과 동시에 일정 온도에 이르면 녹기도 하고 굳기도 하는 성질을 가진다. 카카오 버터의 융점(녹기 시작하는 온도)은 33~34℃이며, 응고점(굳기 시작하는 온도)은 27~28℃이다. 그래서 쿠베르튀르(커버춰)는 33~34℃에서 녹기 시작하고, 27~28℃에서 굳기 시작하는 성질이 있다. 따라서 이 쿠베르튀르를 피복용으로 사용할 때는 위에 설명한 응고점과 융점의 중간점에서 작업을 행하는 것이 최적이다. 즉 27~28℃와 33~34℃ 사이가 좋다. 실제로 27~28℃에서는 약간 굳게 되고 34℃ 이상에서는 카카오 버터에 함유된 분자가 가지고 있는 성질 때문에 피복으로 부적합한 것으로 여겨지므로 29~32℃에서 행하는 것이 좋다. 이 작업을 템퍼링이라고 한다. 템퍼링한 초콜릿의 온도는 30~32℃(초콜릿을 제조하기 위한 최적 온도)로 유지시켜야 한다. 그래야 반유동성의 적당한 점성을 가진 피복하기에 적합한 상태가 된다. 템퍼링 방법을 결정할 때는 작업 환경이나 초콜릿의 양, 작업시간 등을 고려하여 적절한 방법을 선택한다.

### ❶ 템퍼링의 필요성

융점 이상으로 가온하면 쿠베르튀르는 카카오 버터가 완전히 용해되기 때문에 완만한 유동체로 된다. 그 때문에 혼합되어 있는 카카오 고형물, 설탕, 카카오 버터 등의 결합이 깨지고 카카오 버터가 다른 성분과 분리되어 버린다. 이 상태에서 피복작업을 행하면 냉각해서 굳을 경우 표면에 카카오 버터가 떠버리기 때문에 전체적으로 흰 막이 생기고 이 상태를 블룸(bloom)이라고 한다. 따라서 34℃ 이상으로 된 쿠베르튀르는 그대로 사용하기 어렵기 때문에 다시 전체를 균일하게 혼합할 필요가 있다. 카카오 버터의 분리는 그 사이에 완전히 유동성으로 되어 점성을 잃어버렸기 때문에 일어나는 것이고 일단 응고점까지 냉각하고 점성을 주어 전체의 결합을 좋게 해야 한다. 그래서 이것을 다시 30℃ 전후까지 가온하면 반유동성의 적당한 점성을 가진 피복하기에 아주 적합한 상태가 된다.

### ❷ 템퍼링 효과

1. 광택을 좋게 하고 입에서 잘 녹게 한다.
2. 결정이 빠르고 작업이 용이하다.
3. 몰드에서 꺼낼 때 쉽게 떨어진다.

### ❸ 템퍼링 방법

- 수냉법: 초콜릿을 잘게 자른 다음 40~50℃의 중탕으로 녹인다. 중탕시킬 때 물이나 수증기가 들어가면 안 되며, 물을 넣은 용기보다 초콜릿을 넣은 용기가 크면 안전하다. 차가운 물에 중탕하여 25~27℃까지 낮춘 다음에 다시 온도를 올려서 30~32℃로 만든다(작업장 온도는 18~20℃까지가 좋음).
- 대리석법: 초콜릿을 40~45℃로 용해해서 전체의 1/2~2/3를 대리석 위에 부어 조심스럽게 혼합하면서 온도를 낮춘다. 점도가 높아질 때 나머지 초콜릿에 넣어 용해하여 30~32℃로 맞춘다(이때 대리석 온도는 15~20℃가 이상적).
- 접종법: 초콜릿을 완전히 용해한 다음, 온도를 36℃로 낮추고 그 안에 템퍼링한 초콜릿을 잘게 부수어 용해한다(이때의 온도는 약 30~32℃까지 낮춤).

### ❹ 초콜릿 템퍼링 작업시 주의사항

초콜릿을 작업할 때 가장 중요한 것이 온도와 습도이다. 온도가 높거나 습기가 많으면 점도가 높아지기 때문에 템퍼링이 잘 되지 않고 디핑이나 몰드작업을 할 경우 표면이 두꺼워져 제품의 품질 면에서 문제가 발생할 수 있다. 작업을 하기 전 작업장의 온도나 습도를 살펴보고 사용할 도구 작업 테이블이 건조한지 확인해야 한다.

초콜릿 작업장은 온도 조절이 가능해야 하고, 습도가 높지 않은 환경이어야 하며 실내 온도는 18~20℃ 전후가 적정하다. 이러한 환경의 작업장은 초콜릿의 결정화를 막을 수 있고 좋은 품질의 초콜릿을 만들 수 있다.

**초콜릿 종류별 템퍼링 온도**

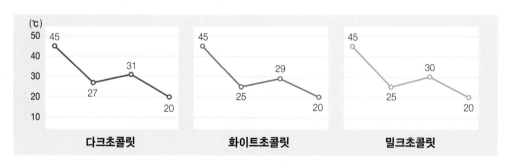

### 초콜릿 대리석 템퍼링

### 전자레인지 템퍼링

## 5. 블룸(Bloom) 현상

Bloom이란 「化」라는 의미로 초콜릿 표면에 하얀 무늬가 생기거나 하얀 가루를 뿌린 듯이 보이거나 하얀 반점이 생긴 것이 꽃과 비슷한데서 이름이 붙여졌다. 이렇게 되는 현상은 카카오 버터가 원인인 「Fat Bloom」과 설탕이 원인인 「Sugar Bloom」이 있다.

### ❶ Fat Bloom(팻 블룸)

팻 블룸은 초콜릿이 열 충격을 받아 함유되어 있던 유지가 표면으로 올라와 생기는 현상으로 작업 과정에서 적정 온도보다 높을 경우 유지가 굳으며 표면이 하얗게 된다. 먹어도 문제는 없지만 식감이 좋지 않고 잘 굳지 않으며 손으로 만지면 잘 녹는다. 취급하는 방법이 적절하지 않거나 제품을 온도 변화가 심한 곳에 저장할 때도 팻 블룸 현상이 생긴다.

### ❷ Sugar Bloom(슈거 블룸)

습기가 많은 환경에서 작업하거나 보관된 초콜릿의 설탕 입자가 녹으면서 표면으로 올라와 하얗게 보이는 현상으로 습도가 높은 장소에 오랫동안 보관하거나 급작스러운 온도 변화의 경우에 일어난다. 여름철의 초콜릿에서 흔히 발견되며, 18~20℃의 건조한 곳에 보관하면 예방할 수 있다.

## 6. 초콜릿 보관시 주의사항

❶ 직사광선이 없는 20℃ 이하에서 보관하며, 25℃가 넘으면 팻 블룸이 생길 가능성이 높아진다.

❷ 65% 이하의 습도를 유지하고 그 이상일 경우 슈거 블룸이 생길 가능성이 높다.

❸ 냄새가 없고 청결한 곳에 보관해야 한다.

## 7. 국내초콜릿 용어 정의

❶ 초콜릿류라 함은 테오브로마 카카오(Theobroma cacao) 나무의 종실에서 얻은 코코아 원료(코코아 버터, 코코아 매스, 코코아 분말 등)에 다른 식품 또는 식품첨가물 등을 가하여 가공한 것을 말한다.

### ❷ 초콜릿의 정의

● 초콜릿: 코코아 원료에 당류, 유지, 유가공품, 식품 또는 식품첨가물 등을 가하여 가공한 것으로서 코코아 원료 함량 20% 이상(코코아버터 10% 이상)인 것.

- 밀크초콜릿: 코코아 원료에 당류, 유지, 유가공품, 식품 또는 식품첨가물 등을 가하여 가공한 것으로서 코코아 원료 함량 12% 이상, 유고형분 8% 이상인 것.
- 준 초콜릿: 코코아 원료에 당류, 유지, 유가공품, 식품 또는 식품첨가물 등을 가하여 가공한 것으로서 코코아 원료 함량 7% 이상인 것 또는 코코아 버터를 2% 이상 함유하고 유고형분 함량 10% 이상인 것을 말함.
- 초콜릿 가공품: 넛트류, 캔디류, 비스킷류 등 식용 가능한 식품에 초콜릿, 밀크초콜릿이나 준 초콜릿을 혼합, 피복, 충전, 접합 등의 방법으로 가공한 것.

# 파베 쇼콜라

Pave Chocolat

## 파베 쇼콜라 재료

| | |
|---|---|
| 생크림 | 120g |
| 물엿 | 10g |
| 버터 | 30g |
| 다크 | 280g |
| 밀크 | 90g |
| 쿠앵트로 | 20g |

## 만드는 과정

**1.** 용기에 다크, 밀크초콜릿 넣고 중탕으로 녹인다.

**2.** 냄비에 생크림, 물엿과 버터를 끓인다.

**3.** 녹은 초콜릿에 ②를 나누어 섞는다.

**4.** ③에 쿠앵트로를 섞는다.

**5.** 모양틀에 식힌 가나슈를 붓고 밀어핀 후 굳힌다.

**6.** 굳은 가나슈를 2.5cm 정사각형으로 재단한 후 코코아파우더를 묻힌다.

# 트러플 그랑 마르니에
Truffle Grand Marnier

## 트러플 그랑 마르니에 재료
생크림 ······················ 120g
다크초콜릿 ················ 240g
그랑 마르니에 ··············· 30g

## 만드는 과정
**1.** 다크초콜릿을 중탕으로 녹여준다.
**2.** 생크림을 끓인다.
**3.** ①과 ②를 나누어 섞는다.
**4.** 그랑 마르니에를 섞는다.
**5.** 짜기 편한 정도까지 가나슈를 식혀준다.
**6.** 둥근 깍지로 길게 짠 후 굳힌다.
**7.** 2.5cm 길이로 재단한다.
**8.** 얇게 간 다크초콜릿, 화이트초콜릿, 아몬드 슬라이스를 묻혀 마무리한다.

# 카페 봉봉

Café Bonbon

## 카페 봉봉 재료

생크림 ···················· 194g
전화당 ···················· 66g
그라인드 원두 ············· 6g
다크초콜릿 ················ 120g
버터 ······················ 44g
몰딩용 다크초콜릿

## 만드는 과정

**1.** 몰드에 템퍼링한 다크초콜릿을 채운 다음 스크레이퍼로 몰드 양쪽에 약한 충격을 가해 공기를 뺀다.

**2.** 스크레이퍼로 몰드 주변을 긁어 정리한다.

**3.** 몰드를 수평으로 뒤집어 초콜릿을 쏟아낸 다음 한 번 더 윗면을 정리한다.

**4.** 몰드를 뒤집어 초콜릿을 굳힌다.

**5.** 냄비에 생크림, 전화당, 원두를 넣고 끓인다.

**6.** ⑤를 체로 거른 다음 녹인 다크초콜릿에 섞는다.

**7.** ⑥에 부드러운 상태의 버터를 넣고 섞는다.

**8.** 믹서를 이용해 유화시킨다.

**9.** 유화시킨 가나슈를 준비해둔 몰드에 90% 채운다.

**10.** 가나슈거 굳으면 템퍼링한 다크초콜릿을 채운다.

**11.** 스크레이퍼로 몰드 윗면과 주변을 정리한다.

# 망디앙 롤리팝

## Mendiant Lollipop

### 망디앙 롤리팝 재료

초콜릿·····················200g
헤즐넛·······················60g
피스타치오·················60g
아몬드·······················60g
건조 크랜베리···············35g
롤리팝 스틱

### 만드는 과정

**1.** 템퍼링한 초콜릿을 짤주머니에 담아 원형으로 짠다.

**2.** 초콜릿이 굳기 전에 스틱을 위에 얹는다.

**3.** 구운 넛과 건조 크랜베리를 적당량 올려 데커레이션한다.

# 넛 크로캉

Nut Croquant

### 재료

코팅용 초콜릿
구운 넛
건조크랜베리

### 만드는 과정

**1.** 넛 종류를 오븐에 구워준다.

**2.** 초콜릿을 템퍼링한다.

**3.** 템퍼링한 초콜릿에 넛과 크랜베리를 넣고 섞은 후에 판에 부어 굳힌다.

# 봉봉 푀이틴

Bonbon Feuilletine

## 재료

밀크초콜릿 ···················· 150g
아몬드 프랄리네 ··········· 100g
푀이틴 ························· 130g
템퍼링한 초콜릿(다크, 화이트, 둘쎄)

## 만드는 과정

**1.** 녹인 밀크초콜릿에 아몬드 프랄리네를 넣고 섞는다.

**2.** 푀이틴을 넣고 부쉬지지 않게 섞는다.

**3.** 판에 부어 굳힌 후 2.5cm 정도의 정사각형 모양으로 자른다.

**4.** 템퍼링된 다크, 화이트, 둘쎄 초콜릿을 대각선으로 반 담가 묻힌다.

# 텐드리스
## Tenderesse

### 텐드리스 재료

헤즐넛 프랄리네············500g
다크초콜릿················200g
헤즐넛 프랄리네············500g
밀크초콜릿················200g
헤즐넛 프랄리네············500g
화이트초콜릿··············200g
화이트초콜릿··············200g
오일·····················20g
다크초콜릿

### 만드는 과정

**1.** 다크초콜릿을 템퍼링하여 판에 밀어 편다.

**2.** ①의 위에 헤즐넛 프랄리네와 녹인 다크초콜릿을 섞어 붓는다.

**3.** ②가 굳으면, 그 위에 헤즐넛 프랄리네와 녹인 밀크초콜릿을 섞어 붓는다.

**4.** ③이 굳으면 그 위에 헤즐넛 프랄리네와 녹인 화이트초콜릿을 섞어 붓는다.

**5.** ④가 굳으면 템퍼링한 화이트초콜릿에 오일을 섞어 ④의 위에 붓고 다크초콜릿으로 마블링을 해준다.

# 마리아주
## Mariage

### 재료

생크림 ····························· 90g
우유 ······························· 190g
트리몰린 ·························· 40g
마리아주 ·························· 16g
다크초콜릿 ······················ 390g
버터 ······························· 26g

### 만드는 과정

**1.** 뜨거운 물에 충분히 불린 마리아주 홍차를 생크림, 우유, 트리몰린에 넣고 끓이다가 다 끓으면 불을 끄고 랩을 씌워 1시간 정도 우려낸다.

**2.** ①을 거름망에 걸러 잎을 제거한 후 중탕으로 녹인 다크초콜릿에 넣고 섞어 홍차 가나슈를 만든다.

**3.** ②가 37도가 되면 버터를 넣고 바 믹서로 섞는다.

**4.** 틀에 부어 굳힌 후 2.5cm의 정사각형 모양으로 자른다.

**5.** 가나슈를 템퍼링된 초콜릿으로 디핑한다.

# 솔트 캐러멜
## Salt Caramel

### 재료

생크림 ·························· 250g
트리몰린 ························· 20g
겔랑드 소금 ···················· 3g
설탕 ····························· 115g
밀크초콜릿 ····················· 270g
다크초콜릿 ····················· 100g
버터 ····························· 45g

### 만드는 과정

**1.** 생크림, 트리몰린, 겔랑드 소금을 섞어 80도까지 데운다.

**2.** 설탕을 가열해 캐러멜화한 다음 ①을 넣어 섞는다.

**3.** 밀크초콜릿, 다크초콜릿을 녹인 다음 ②를 체에 걸러 나누어 넣으면서 유화시킨다.

**4.** ③이 37도가 되면 버터를 넣고 바 믹서로 섞는다.

**5.** 가나슈 온도가 35도 정도로 식혀지고 짜기 좋은 상태가 되면 키세스 모양으로 짜준다.

**6.** 가나슈가 굳으면 템퍼링된 화이트초콜릿을 바닥에 살짝 묻혀 모양을 내고, 윗부분에는 작은 핑크 소금 조각을 올려 마무리한다.

# 아몬드 로쉐

Almond Rocher

## 아몬드 로쉐 재료

다크초콜릿 ·················200g
슬라이스 아몬드 또는
칼 아몬드 ·················· 80g

## 만드는 과정

**1.** 아몬드를 오븐에 넣고 저어가면서 굽는다.

**2.** 다크초콜릿을 템퍼링한다.

**3.** 템퍼링한 초콜릿에 구운 아몬드를 넣고 포크로 섞어준다.

**4.** 팬에 유산지나 두꺼운 필름을 깔고 포크로 예쁘게 떠 놓는다.

**5.** 피스타치오를 뿌린다.

# 감 초콜릿

Dried Persimmon Chocolate

## 감 초콜릿 재료

| | |
|---|---|
| 곶감 | 3개 |
| 다크초콜릿 | 200g |
| 피스타치오 | 10g |
| 호두 | 50g |

## 만드는 과정

**1.** 호두는 오븐에 살짝 굽는다.

**2.** 곶감을 반으로 자른다.

**3.** 곶감 씨를 제거하고 호두를 잘라서 넣고 말아준다.

**4.** 초콜릿을 템퍼링한 다음 말아놓은 곶감을 찍는다.

**5.** 초콜릿이 굳기 전에 피스타치오를 올려준다.

참고문헌

김방호, 눈으로 먼저 즐기는 디저트 65가지, 디저트 수첩, 2011.
네이버 지식백과(두산백과, 음식백과).
신태화 · 윤경화, 제과제빵 이론 및 실무, 지구문화사, 2017.
정영택 · 윤희영, 초콜릿 마스터클래스, 비앤씨월드, 2015.
정홍연, 시크릿 레시피, 비앤씨월드, 2014.
파티씨에 편집부, 빵 과자백과사전, 비앤씨월드, 2011.
재단법인 과우학원, 제과미술, 비앤씨월드, 2016.

## 저자 소개

### 신태화

현) 백석예술대학교 외식산업학부 교수
경기대학교 관광학 박사
대한민국 제과기능장
사) 외식경영학회 부회장
제과명장, 제과기능장 심사위원
JW MARRIOTT HOTEL PASTRY CHEF
SEOUL INTERNATIONAL BAKERY FAIR 심사위원
U.S.C cheese bakery contest 심사위원
ACADECO 심사위원
NCS 제과제빵 개발위원
KBS '무엇이든 물어보세요', MBC, EBS 등 다수 출연
프랑스, 독일, 일본 단기연수
저서: 제과제빵 이론 및 실무, 제과제빵기능사 실기,
　　　홈메이드 베이킹 외 다수

### 이준열

현) 서정대학교 호텔조리과 교수
경희대학교 대학원 박사
대한민국 제과명장 1호
대한민국 제과기능장
창신대학교 호텔조리과 교수
스위스그랜드 호텔/서울교육문화회관/노보텔 앰배서더
　　강남/리츠칼튼 호텔/메리어트 호텔 제과과장
서울국제요리경연대회 단체 및 개인부문 최우수상
서울특별시장 표창장/창원시 국회의원 표창장
대한민국 제과명장 심사위원

### 이재진

현) 한국관광대학교 호텔제과제빵과 교수
경희대학교 조리과
경기대학교 대학원 외식조리관리(박사)
GRAND WALKERHILL 제과부 근무
부총리겸 교육과학기술부장관표창(2009)
부총리겸 교육과학기술부장관표창(2015)
한국산업인력관리공단 제과제빵기능사, 기능장, 명장 심사위원
저서: 제과제빵과학, 베이커리경영 외 다수

### 채현석

현) 한국관광대학교 호텔조리과 교수
동원대학교 호텔관광학부 호텔조리전공 교수
송호대학교 호텔외식조리과 교수/학과장
대경대학교 호텔조리학부 교수
김포대학 호텔조리과 겸임교수
호텔리츠칼튼서울 조리장 근무
2000 서울 국제요리경연대회 단체부 대상
2002 서울 국제요리경연대회 금상
한국산업인력공단 심사위원
대한민국 요리경연대회 심사위원

저자와의
합의하에
인지첩부
생략

# 디저트 실무

2019년 9월 30일 초판 1쇄 발행
2021년 2월 25일 초판 2쇄 발행

**지은이** 신태화·이재진·이준열·채현석
**펴낸이** 진욱상
**펴낸곳** 백산출판사
**교　정** 편집부
**본문디자인** 강정자
**표지디자인** 오정은

**등　록** 1974년 1월 9일 제406-1974-000001호
**주　소** 경기도 파주시 회동길 370(백산빌딩 3층)
**전　화** 02-914-1621(代)
**팩　스** 031-955-9911
**이메일** edit@ibaeksan.kr
**홈페이지** www.ibaeksan.kr

ISBN 979-11-5763-949-6　13590
**값 30,000원**